臺灣自然圖鑑 008

# 行道樹圖鑑

羅家祺 著

晨星出版

# 探訪
# 行道樹四季的變化

## 作者序

日常生活裡，於都市街道、鄉間小路、長程國道上，眼睛均會接觸到路旁的植物，但一般人往往都是匆匆一瞥，只知是綠色的樹木，而很少去探究其為何種名稱。其實行道樹為活生生的植栽，會隨著四時的季節變化展現出不同的形態，也因為樹種的不同，產生了差異性的特色，形成迴異的道路景觀。

製作本書從行道樹資料的查詢、編撰、攝影，利用將近一年的時間，往來於臺北市、臺北縣、宜蘭市、羅東鎮、花蓮市、臺東市、屏東市、高雄市、臺南市、嘉義市、臺中市等地，穿梭於各主要道路，為拍攝行道樹的風采，運用不同的攝影角度，直接與行道樹接觸，採訪植物四季的變化。

拍攝本書105種的行道樹，有如上了一堂植物學課程，這堂植物學除了基本知識的查核外，還有戶外實際的觀察學習，透過近距離觀察植物四時季節的變化，從新芽、綠葉、嬌花、結實、黃葉，枯枝再到萌發，樹木形態的表現都是令人讚嘆的。這堂植物學引發了更多的樂趣，因此未來將會持續學習及拍攝進階的植物圖像，以進一步瞭解植物世界的美妙生態。

這本書的製作以攝影圖片為主，將行道樹的風采記錄於影像中，再輔佐文字資料的解說，讓讀者能瞭解臺灣行道樹的概況，也期許讀者們下回有機會不妨佇足於行道樹旁，觀賞它們於不同季節所變化出的精彩風貌。

羅家祺 於臺北

# 都市之肺—
# 我們天天視而不見的好鄰居

推薦序

坊間有關行道樹的書籍還不少，雖然有些是地區性的，然而對羅家祺先生出版的這一本書還是令我眼睛一亮。知道羅先生對臺灣自然野趣很有心得，攝影技術也是一流，卻沒想到他對都市林中的行道樹也投下不少的心血。

本書中對每一物種雖然只有簡單的文字敘述，但在字裡行間，似乎可以想像著者就站在您面前，生動活潑而且仔細地敘述著各種植物，再配合著圖解、照片和一些特徵，很難不使您深深地記得這種植物。除了形態上的形容，著者對於每種植物的「物候」也記錄下來。所謂「物候」，翻譯成白話文就是植物的花果期。同一物種的物候，是會隨著地理南北的位置（緯度）及立體的分布（海拔）而有所不同，再加上每年氣候的冷熱可早可晚，更是影響到開花結果期的遲速，所以可以理解著者用「季節」而不明確地指出月分，然而對有心觀賞或想認識住家附近、居住城市行道樹的人而言，卻已經大有幫助了。

若您對「植物」這一種東西完全是外行，而您又想要認識您家附近或居住地區，那些天天經過、天天在看而又不知名的行道樹時，可能首先要具備一些形容植物的「基本名詞」（不單單只是知道「葉子」、「樹幹」那麼簡單，其實只要再加一點點就夠了），例如「落葉樹種、常綠樹種」、「單葉、三出複葉、掌狀複葉、羽狀複葉」、「互生、對生、輪生」、「葉序、花序」等等，其實本書在這些部分除了有文字說明，還有圖解，非常容易看懂，而且可以拿著書去實際比對，更讓我們深入體會不易忘記。再配合每一樹種都有多幅照片，不論生活型照、花的照片（甚至包括花序、花的特寫）、果的照片，更好的是樹幹表面的照片，可以讓我們立刻去比對出來。有些行道樹或是大樹，因為長得太高反而看不到葉子，或那些落葉樹種在落葉時，可能真是只有比對樹皮了，所以看得出著者的用心，他一定是以前嘗過這種苦頭，所以特別將這個容易觀察到的特徵放上來。在每種植物介紹的最後，著者都條列一些建議「觀賞地點」，可以讓讀者有機會和著者一樣認識這種植物。

書中對於植物使用的名稱以中文常見的為主，附上拉丁學名，佐以英文俗名及中文別稱，最後附上生育地及原產地，讓我們對於每一介紹的物種有基本的認識。看過這本書，才知道用在行道樹上的臺灣原生樹種還蠻多的，看著那些照片，驚覺有些行道樹種植的年代還蠻久遠的，比我們年紀都大！我們真是應該多認識這些就長在自家附近，天天幫我們淨化空氣、隔絕噪音、視覺美化、都市之肺的好伙伴們，多一分瞭解，您真得會更珍惜我們所居住的這個環境，更會自發地保護我們這一個地球。

國立自然科學博物館植物學組 

# 如何使用本書

本書精選105種臺灣常見行道樹，除了介紹它們的形態特徵外，並詳盡記錄其四季之時所展現出的不同風情風貌，進而引導讀者認識及感受行道樹的美麗之處。

# 臺灣欒樹 *Koelreuteria henryi* Dummer

| 科名：無患子科 Sapindaceae | 屬名：欒樹屬 |
|---|---|
| 英文名：Flamegold | 別名：苦苓舅 |
| 生育地：海拔1000公尺以下向陽山坡地 | 原產地：特產於臺灣 |

葉序 花序 花期 春 夏 秋 冬 果型

臺灣欒樹植株直立，樹枝開展散生，呈美麗的傘形。主幹通直，呈白灰色，樹皮則爲薄鱗片狀，用手輕拉很容易剝落，小枝幹上密布皮孔。

春天時，黃綠色的嫩葉初生，在春風中透過陽光，呈現嬌柔可愛，是生命啓動的清新綠意；盛夏時，則爲濃鬱的翠綠滿布植株；當秋風吹起，原本翠綠的羽狀複葉受到季節催促，開始由綠轉黃，透過秋陽的逆光，顯得金黃耀眼，這是冬藏前最後一次絢麗的演出。

臺灣欒樹於每年9月至10月間，將無數的小黃花集合於枝頭上，盛開的情形簡直是花團錦簇，美不勝收。當以蔚藍的天空爲幕，翠綠色的羽葉爲伴時，黃色小花凸顯於視覺中，是一幅極爲搶眼的美麗景致，也活潑了秋的蕭瑟。

↓ 位於臺北市天母地區的忠誠路，全線種植了近千棵的臺灣欒樹，盛夏時，是車行的綠色隧道。

334

翅果 聚合果 堅果 毬果 莢果 蒴果 蓇葖果 漿果 隱花果

另外，我們也將介紹行道樹與動物間的互動關係，說明某些行道樹除了能夠提供動物寄生外，還能夠成為其食源。

## 樹形

以簡單圖示表示該植物落葉性或常綠性。

常綠喬木

落葉喬木

常綠灌木

落葉灌木

→圓錐花序頂生，金黃色花瓣五瓣，瓣片基部為紅色。

→小葉呈卵形或長卵形，互生，葉尖銳形，葉基歪形，葉緣淺鋸齒狀。

無患子科

### 形｜態｜特｜徵

| | |
|---|---|
| 樹種 | 落葉喬木，傘形，高約10餘公尺。 |
| 葉形 | 二回羽狀複葉，小葉互生，長卵形，葉尖銳形，葉基歪形，葉緣為淺鋸齒狀。 |
| 花序 | 圓錐花序，兩性花與單性花共存，花黃色。 |
| 果型 | 蒴果。 |

同一季節開花後，雌花會迅速結成果實，蒴果具3片苞翅呈膨大氣囊狀，其色由粉紅色逐漸轉至紅褐色，在暮秋的日子裡，增添了植株的另一番風采，也帶來景觀上的亮麗。

蒴果成熟時苞片會裂開，藏在裡面的黑色種子露出，苞片從紅褐色轉爲老熟的暗褐色，因爲質地輕，經風兒吹動緩緩降落地面，碰到適合的生長環境種子就會萌發新芽，展開新的生命。

翠綠的羽狀複葉、滿樹黃華的花序、串串紅褐色的蒴果以及枯槁前的金黃色變葉，臺灣欒樹隨著季節遞嬗，綻放迷人風采，所以常在公園、校園、行人道旁當作景觀樹種。

臺灣欒樹的蒴果成熟時，會吸引大量的紅姬緣椿象聚集，以吸取種子與樹幹汁液，當作繁殖後代的營養來源，但也吸引了燕子前來啄食。目前還沒有臺灣欒樹被危害的案例，賞樹時不要刻意觸摸紅姬緣椿象，牠爲自保會分泌臭味的汁液，但基本上對人是無害的。

闊葉樹

335

### 科名側欄

提供該物種所屬科名以便物種查索。

### 形態特徵資訊欄

說明該物種的樹種、葉形、花序與果型，以便讀者掌握辨識要訣。

### 葉的排列方式

依葉子在莖上的排列方式，簡單分為單葉、掌狀複葉、三出複葉及與羽狀複葉，以方便讀者索引查詢。

單葉

掌狀複葉

三出複葉

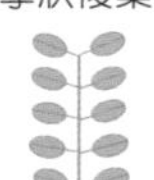

偶數羽狀複葉

奇數羽狀複葉

二回羽狀複葉

三回羽狀複葉

本書將行道樹分為棕櫚樹、針葉樹及闊葉樹三大類群來做介紹。

# 目次

Contents

行道樹圖鑑

# 何謂行道樹

在人類生活的區域裡，「行」已成爲重要的生活項目，是爲兩地溝通的要衝，不論是行人還是行車，都會規劃各種行的道路。以前在樹林間開闢道路，路邊的樹木自然成爲行道樹，現代道路的設計以及道路四周，大都爲水泥建物，故經常種植綠色樹木，以作爲道路區隔及美化市容的行道樹，而不同的路段通常會有不同的栽植品種，因此也形成了特殊的道路景觀。

↑阿勃勒花期來臨時將植株披上金黃色的簾幕，為車行道增添美麗色彩。（高雄市：馬卡道路）

## 行道樹的類別

1.市街行道樹：指都市街道旁的行道樹，與都市建物接近，爲市容綠美化的植栽，例如：臺北市天母忠誠路二段的臺灣欒樹、臺北市松山路上的芒果樹。

2.公路行道樹：指高速公路、省縣道路等聯絡兩地的行道上，栽種於路旁及中央的行道樹，例如：省道臺一乙185公里處的黑板樹、省道臺九甲線的山櫻花。

3.公園綠地行道樹：指栽植於行道旁綠地及公園、校園小徑旁的樹木，例如：羅東運動公園的落羽松、中興大學校園內的樟樹。

→臺北市松山路上的芒果樹屬於市街行道樹。

↓往烏來方向的臺九甲線公路上，到了每年二月中旬時，沿途可看到緋紅濃豔的山櫻花。

↓中興大學校園內栽植的樟樹，屬於公園綠地行道樹。

↓栽植於高雄市美術館南側人行道旁的小葉欖仁樹，屬於公園綠地行道樹。

↑金龜樹樹形壯碩，主幹粗直，綠葉茂密，易形成大樹狀。（嘉義公園）

## 行道樹具備的條件

1.樹性強健：選擇抗風耐塵耐旱的樹木。
2.樹形優美：選擇長勢優美完整的樹木。
3.樹種適合：選擇適宜當地氣候與市容的樹木。
4.生長迅速：選擇枝葉快速長成的樹木。
5.具本土性：選擇本土樹木有保種與教育的功能，例如刺桐、樟樹等。

↑錫蘭橄欖樹形優美，耐旱及耐風力強，因此常被選來當作行道樹、庭園樹或是觀賞樹。（臺北市：和平東路三段）

↑雨豆樹生長快速，其樹冠呈傘狀，綠葉茂密，常將車道變成林蔭大道，車行其間頓消暑氣。（高雄市：大順一路）

↑刺桐為本土植物，當作行道樹除了綠化外，還有一份鄉土情懷。（臺中市：東光路）

## 行道樹的功能

1.車行安全：行道樹列植於車行道上，將車道適當的分隔，可指示車行方向，並緩衝車速，也可阻隔來車光線。

2.淨化空氣：植物行光合作用時，會吸收二氧化碳而釋放氧氣，可交換空氣，保持空氣清新，層層綠葉有濾塵抗污的效用，有都市綠肺之稱。

3.調節氣候：植物樹冠層可阻隔太陽輻射，吸收熱度，減少蒸發作用，提高濕度，減少風勢，可調節微氣候。

←黑板樹樹形挺立高大，栽植於中央分隔島上作為車道分隔，可指示行車方向，而分隔島上栽植的灌木可用來遮檔反向來車的車燈眩光。（臺北市：永吉路）

→銀樺樹抗污能力強，其葉片上的絨毛會吸附空氣中的灰塵。（臺中市：東光路）

↓榕樹成長快速，枝幹分歧斜上生長，其茂密的林蔭，除了可阻隔太陽輻射外，還能吸收熱度。（臺北市：石牌路二段）

↑瑚猻木粗壯的主幹如一道牆般，其濃鬱的樹冠可有效降低噪音的干擾。

4.減輕噪音：樹葉層疊，樹木林立，均可阻礙音量，消除噪音。

5.遮蔭功能：人行其下可躲避烈日的照射，亦可當作休息之地。

6.散發芬多精：植物會散發芬多精，可殺死空氣中的細菌與病原。

7.美化市容：植物樹形優美，柔化鋼硬的水泥建築，增添都會的造景變化。

8.觀賞功能：植物的新葉、嬌花、美果，四季均有不同的形態與色彩變化，極具觀賞功能。

9.文化資產：行道樹的種類、生長年代、長勢形態可與當地文化結合，成為觀光資產。

←鳳凰木開花時節，將植株妝點豔麗色彩，栽種在道路旁可美化市容。

→緬梔俗稱「雞蛋花」，其花色多樣，花朵具有香氣，是極具觀賞價值的樹種。

↓印度紫檀的綠葉與黃花，都是植株魅力的容顏，稍做停步佇立觀賞，可舒解塵囂的煩惱。

→花蓮市明禮路上的綠色景觀道路，乃為樹齡近百年的瓊崖海棠老樹，它們目前為臺灣相當珍貴的國寶級老行道樹。

## 行道樹的維護

行道樹在栽種前，有關單位通常會先行規劃適當的樹種，以適地適時爲原則，栽植長勢完整的行道樹，除了有分隔道路的功能外，亦有遮蔭綠化與開花結果的觀賞功能。

栽種後的行道樹首重樹木維護，適當的生長範圍，適時的水分供給，適當的排除蟲害，都是避免植株枯萎或是弱勢生長的方法。

行道樹常有某些理由的修剪，例如枝葉過於茂盛影響行車視線，颱風侵襲導致樹倒枝折等，但是在修剪時需多注意植物生長的特色，以避免因爲修剪不當造成不協調的情形發生。

行道樹的維護需要大眾共同的力量，不把樹根部封住，不堆置廢棄物，也不在樹幹上刮痕或釘上招牌，如此行道樹才能完整的生長，不論樹形、枝幹、綠葉、開花、結果等，都會適時的展現，讓人瞭解植物的生態，增進對植物知識的認識。

↑為避免交通號誌被遮蔽或是影響駕駛人的視線，行道樹需定期作適度修剪。

→於新栽植的行道樹四周架設支柱，可避免其被強風吹倒而影響生長。

# 認識植物的葉、花、果

植物依四季的變化而生長，表現於形的不外乎葉、花、果，學術界在研究植物時，賦予它們一些名詞及定義，讓觀察者有脈絡依循，藉此能更深入瞭解植物的形態。

## 一 葉片種類

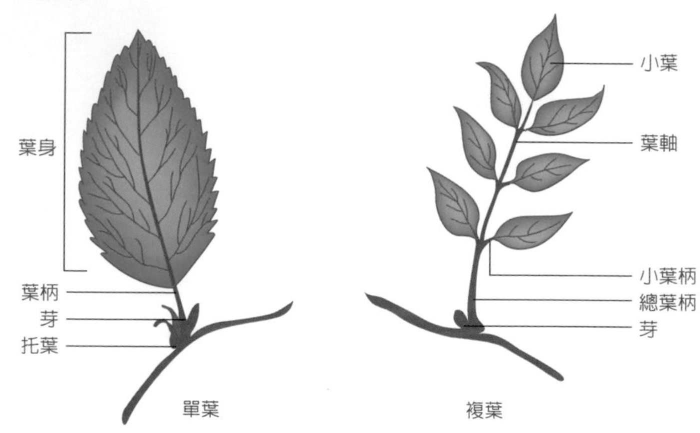


單葉→葉柄上只長出一片葉子。

複葉→葉柄上長出兩片以上的葉子。又可分：

單生複葉→葉柄上長出兩片連在一起的葉子。

三出複葉→葉柄上長出三片小葉。

掌狀複葉→葉柄上長出放射狀小葉有如手掌般。

羽狀複葉→小葉以羽狀排列於葉軸上。

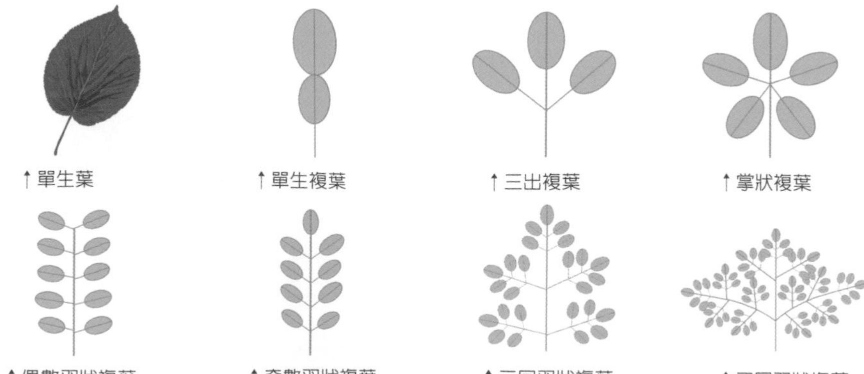

##  葉形：葉片的形狀。

1.針形→葉片細長如針狀。
2.鑿形→葉基寬葉端尖銳如鑿刀狀。
3.線形→葉片細長兩端平行。
4.橢圓形→葉片中間寬廣，兩邊漸次變尖。
5.披針形→長形葉葉基往葉端漸次細尖。
6.倒披針形→長形葉葉端往葉基漸次細尖。
7.卵形→葉基寬圓葉端尖細。
8.倒卵形→葉端寬圓葉基尖細。
9.圓形→葉基葉端均寬圓。
10.心形→葉基凹陷的卵形葉。
11.三角形→葉面呈三角形。
12.腎形→葉端寬圓葉基凹陷如腎臟。
13.盾形→葉柄連接葉身如盾牌。

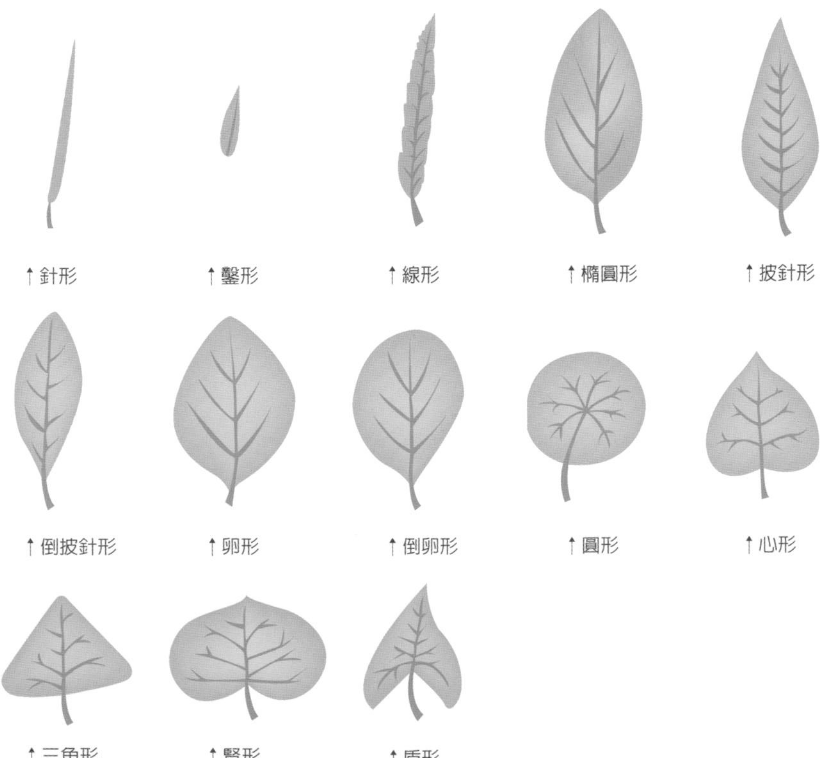

## 三 葉緣：葉片邊緣的形態：

1.全緣→葉緣完整無鋸齒無刻裂。

2.波浪緣→葉緣如上下波浪。

3.鋸齒緣→葉緣具齒狀刻裂，依刻裂大小可分：細鋸齒緣、深鋸齒緣。

4.裂紋緣→葉緣爲明顯凹裂，依凹裂深度可分：淺裂緣、深裂緣。

5.掌狀緣→葉緣刻裂如掌狀。

↑全緣

↑波浪緣

↑鋸齒緣

↑裂紋緣

↑掌狀緣

## 四 葉序：葉片生長排列的方式。

1.互生→葉片單生交錯生長在莖的兩側。

2.對生→葉片成對生長在莖的兩側。

3.輪生→同一枝節上以環繞方式長出三片以上的葉片。

4.叢生→每一枝節的節間很短，節上的葉片叢集在一起。

↑互生

↑對生

↑輪生

↑叢生

## 五 花序：花朵著生排列的方式。

1.單生花→花軸上只開一朵花。

2.繖形花序→花軸上的小花帶梗，並齊開於同一點。

3.頭狀花序→無梗的小花，著生於盤狀花軸上。

4.葇荑花序→穗狀花序的一種，花軸下垂，小花多單性。

5.穗狀花序→花軸單一，小花密生不具花軸。

6.圓錐花序→花軸不規則分枝，小花具花梗。

7.聚繖花序→花軸分枝，花軸頂與分枝頂均開一朵花。

8.總狀花序→花軸單一，小花具花梗。

9.繖房花序→單一花軸，花梗長短不一，越下部花柄越長，靠近花軸頂端則較短，散開成平面狀。

10.隱頭花序→花軸膨大呈囊狀，小花著生於內部。

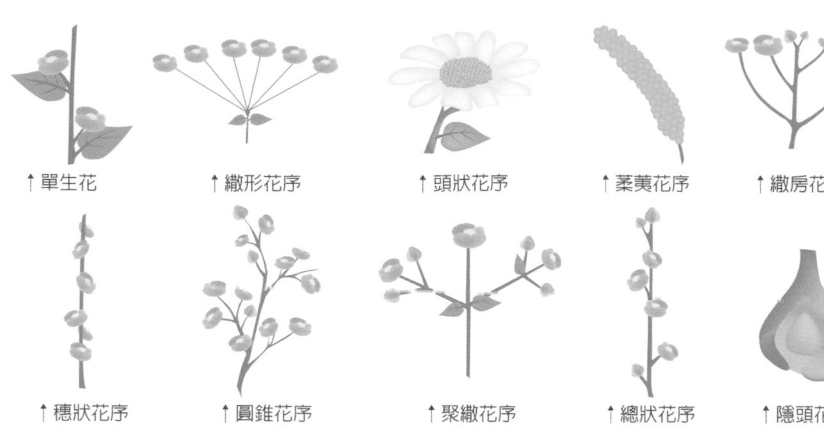


## 六 果實：雌蕊授粉、受精後，子房發育成果實，其中的胚珠發育成種子。果實成長形態、成熟開裂等，均有不同。

1.蒴果→由多心皮組成，成熟時以縱向開裂。

2.蓇葖果→由單一心皮組成，成熟時以單向開裂。

3.瘦果→成熟時不開裂，內含一枚種子。

4.堅果→具堅硬外殼的果實。

5.莢果→由單一心皮組成，成熟時以兩縫線開裂。

6.翅果→具翅狀薄膜，有利種子的飛行。

7.核果→具堅硬的內果皮，內含單一種子。

8.漿果→果肉多漿汁，種子多數，無堅硬內果皮。

9.聚合果→由多數花的心皮組成。

10.毬果→具木質鱗片，種子裸露，大多為針葉樹的果實。

11.隱花果→花被包在果實外型的花軸裡。

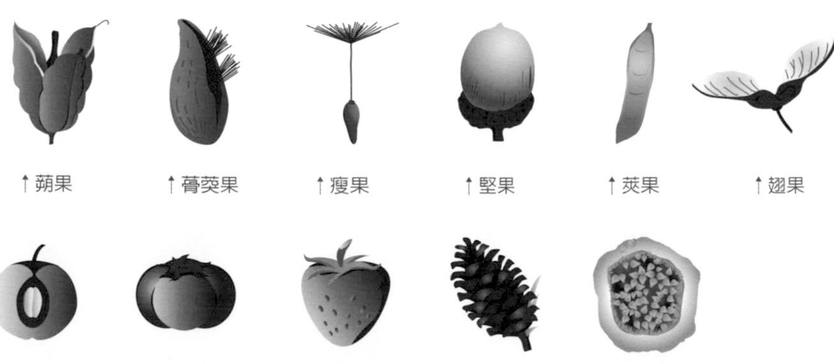

# 行道樹圖鑑

# 肯氏南洋杉 *Araucaria cunninghamii* Sweet

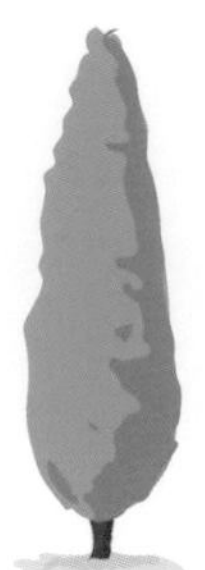

| 科名：南洋杉科 Araucariaceae | 屬名：南洋杉屬 |
| --- | --- |
| 英文名：Hook Pine | 別名：花旗杉 |
| 生育地：熱帶平原 | 原產地：澳洲及新幾內亞 |

葉序  花期    果型



肯氏南洋杉爲常綠喬木，主幹呈圓筒狀，筆直的伸向天空，加上濃鬱的綠葉，頗有威嚴之感。樹皮黑褐色，具有橫紋，會橫向剝落，內含白色膠汁，新樹皮爲黃褐色，具光澤。枝幹輪生，樹幹上部斜上生長，下部則水平生長，小枝多且分歧。樹形爲圓錐形，高可達40公尺。

春天新芽開始萌發，葉片針形內彎而尖成鑿形，先端有如逆針，堅硬刺手，呈螺旋狀排列，共有7列，新葉爲翠綠色，老葉則爲墨綠色，脫落後殘留基部肥大的葉褥。整個樹枝的葉形有如雞毛撣子，而植株滿布雞毛撣子的造型，也是挺特別的景觀。

↓ 肯氏南洋杉主幹直立，高可達40公尺，側枝輪生斜上具層次感。（臺北市：忠誠路一段）

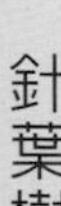

夏季毬狀花開始由樹枝頂端生出，爲雌雄異株，雄花長條毬形，雌花橢圓毬形；毬果橢圓形爲褐色，成毬果心皮有舌狀苞鱗，大部分與心皮結合，僅先端分離。成熟時，苞鱗會脫落，露出種子，並掉落地面，種子黃褐色，兩側有窄薄膜，可藉由風吹傳送各地。常在高大的植株下，發現枯葉及種子，由於樹的高度較爲高大，因此不易見到毬花。

肯氏南洋杉雖是外來植物，但生長強健，栽培容易，病蟲害少，防風、耐塵，大都栽種在行道旁空地或公園。

## 形｜態｜特｜徵

**樹種** 常綠喬木，主幹圓筒狀，直立粗壯，樹皮黑褐色，具橫紋，會橫向剝落，新樹皮則為黃褐色；枝條輪生樹幹，上部斜上生長，下部則水平生長，小枝多且分歧。樹形為圓錐形，高可達40公尺。

**葉形** 葉內彎而尖，堅硬刺手，鑿形。

**花序** 雌雄異株，花毬狀，頂生。

**果型** 毬果長橢圓形，成熟時苞鱗脫落，露出種子，種子兩側有薄膜。

←肯氏南洋杉樹幹粗壯，剝片宿存有如老幹，但新綠葉片茂盛，植株生長強健。

南洋杉科

針葉樹

↓ 肯氏南洋杉的葉片為針形內彎，葉尖則為鑿形，堅硬刺手，呈螺旋狀排列。

↑ 肯氏南洋杉為雌雄異株，雌毬花呈綠色隱於綠葉中，若不細心留意甚難觀察。

↓ 肯氏南洋杉樹葉呈綠色，老葉枯萎落地後轉為黃褐色，形狀不變。

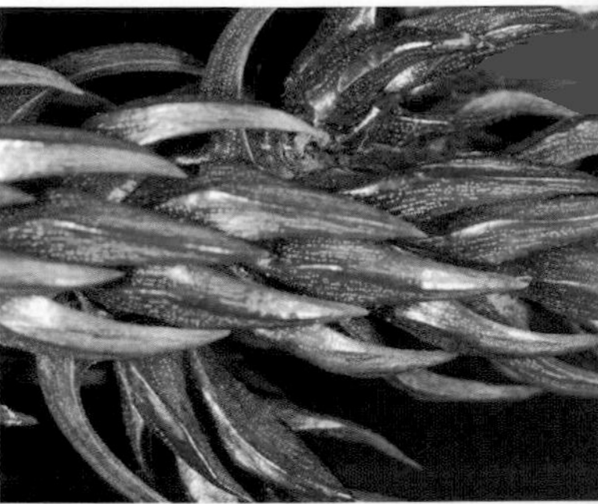

↑ 肯氏南洋杉的雌毬花成熟時為褐色，未發育成果而落地，讓人可看得真切。

↑ 肯氏南洋杉的雄毬花數量頗多，枯萎時呈褐色掉落地面，常見樹下滿地雄花。

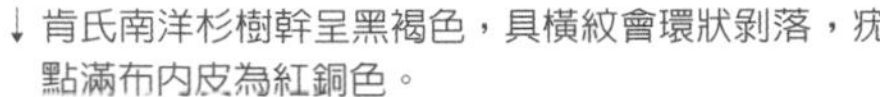

↓ 肯氏南洋杉樹幹呈黑褐色，具橫紋會環狀剝落，疣點滿布內皮為紅銅色。

↑ 肯氏南洋杉的果實，成熟時苞鱗開裂，黃褐色種子露出，種子兩側具薄膜，會隨風傳送。

■ 建議觀賞地點：
臺北市：忠誠路一段。
臺中市：中興大學。
嘉義市：嘉義植物園。

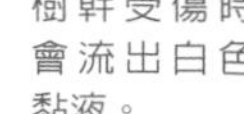

→肯氏南洋杉樹幹受傷時會流出白色黏液。

# 小葉南洋杉 *Araucaria excelsa* (Lamb.) R. Br.

| 科名：南洋杉科 Araucariaceae | 屬名：南洋杉屬 |
| --- | --- |
| 英文名：Norfolk Pine | 別名：南洋杉 |
| 生育地：熱帶平原 | 原產地：澳洲 |

葉序  花期   果型 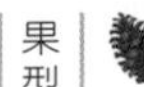

小葉南洋杉爲常綠喬木，主幹直立，枝幹整齊輪生，上部枝條向上舉，下部枝條呈水平狀展開，小側枝不分歧，樹皮灰褐色有光澤，表面布滿疣點，樹皮呈橫向條狀剝落，露出紅褐色內皮，樹皮內含白色的膠質；樹形爲高塔狀，高可達25公尺。

春天萌發新芽，由枝端生出，呈翠綠色，葉片細長呈鑿形，內彎先端呈尖形，但卻柔軟不刺手，葉片的生長隨枝條水平展開，小葉散生，與另一種常見的肯氏南洋杉略有不同，肯氏南洋杉小葉較叢生，遠望有如雞毛撢子。葉脫落後其基部殘存葉褥。

↓ 當小葉南洋杉成群落種植，植株高聳，綠葉茂盛，宛若小型單一純林。（臺北市：國父紀念館公園）

夏季開花爲雌雄異株，雄花毬狀，黃褐色，頂生於枝端；雌花也是毬狀，綠色，亦爲頂生。發育中的果實爲圓形狀毬果，初爲綠色，成熟時爲褐色，果鱗開裂，露出帶薄膜的種子。

小葉南洋杉爲陽性植物，生長快速，樹形整齊，樹姿優美，病蟲害少，唯一缺點則爲不耐風，需設立護架以防被風吹倒。

→小葉南洋杉主幹直立，枝幹輪生水平生長，葉片隨枝椏散生。

→小葉南洋杉的葉片細長呈鑿形，內彎先端尖形，散生枝頭，柔軟不刺手。

↓小葉南洋杉的綠葉枯萎時，常宿存枝頭，呈黃褐色，為植株帶來色彩變化。

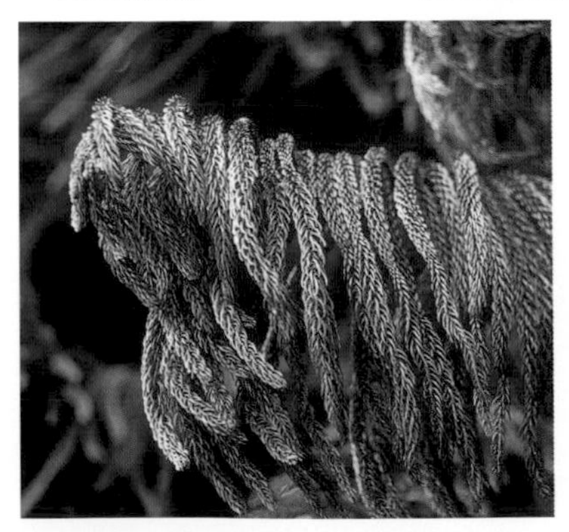

## 形｜態｜特｜徵

| | |
|---|---|
| 樹種 | 常綠喬木，主幹粗壯直立，枝幹整齊輪生，水平狀展開，樹形高塔狀，高可達25公尺。 |
| 葉形 | 葉向內彎而尖，鑿形。 |
| 花序 | 雌雄異株，花毬狀，雄花黃褐色，雌花綠色。 |
| 果型 | 圓形毬果。 |

↓小葉南洋杉為雌雄異株，雄花為葇荑花序，長條狀生於小枝端，呈黃褐色。

←小葉南洋杉雄花序在枝頭上不易觀察，枯萎掉落地面數量多，可看得真切。

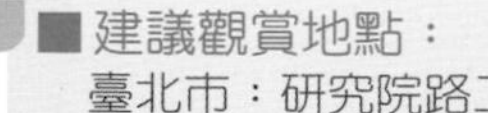

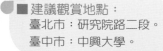

■建議觀賞地點：
臺北市：研究院路二段。
臺中市：中興大學。

←小葉南洋杉的果實成熟後帶翅的種子隨風飄落地面。

→小葉南洋杉樹皮為灰褐色，滿布疣點，會橫向條狀剝落。

# 蘇鐵 *Cycas revoluta* Thunb.

| 科名：蘇鐵科 Cycadaceae | 屬名：蘇鐵屬 |
|---|---|
| 英文名：Sago Palm | 別名：鳳尾蕉、避火樹 |
| 生育地：熱帶平原 | 原產地：爪哇、琉球自然分布 |

葉序 花期  
春 夏 秋 冬

蘇鐵爲常綠灌木，莖幹短小粗壯，無分枝，樹皮爲黑色，滿布落葉葉痕，樹冠羽葉散開生長，有如棕櫚狀呈圓形，高可達5公尺。春天萌發新芽，一回羽狀複葉自莖頂抽出，新葉翠綠柔順，老葉墨綠堅硬，小葉呈線形，質硬，葉邊全緣反捲，葉下具絨毛，先端則尖銳若刺。

蘇鐵爲古老的裸子植物，生長非常緩慢，栽種約20年後方會開花，開花期在溫暖的夏天，爲雌雄異株，雄花序頂生呈圓錐狀，初爲淡黃色，成熟則爲黃褐色，具鱗片的雄蕊呈螺旋狀排列，內藏多數花粉囊：雌花序頂生呈圓扁形，披有褐色密生絨毛，初生爲黃色，成熟時則爲棕褐色。

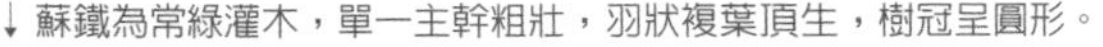

↓ 蘇鐵為常綠灌木，單一主幹粗壯，羽狀複葉頂生，樹冠呈圓形。

蘇鐵科

針葉樹

←蘇鐵的葉片為羽狀複葉，由莖頂處生出，小葉線形數量多，質硬，先端尖銳。

↑蘇鐵單一莖幹直立，葉片枯萎掉落，葉柄基部宿存，在莖幹上形成層層的痕跡。

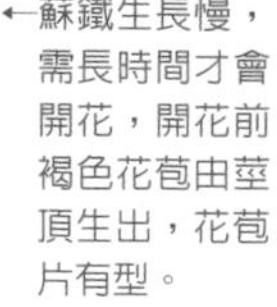

←蘇鐵生長慢，需長時間才會開花，開花前褐色花苞由莖頂生出，花苞片有型。

## 形｜態｜特｜徵

- **樹種** 常綠灌木，樹幹短而粗壯，無分枝，樹冠圓形，高可達5公尺。
- **葉形** 一回羽狀複葉，小葉線形，葉邊反捲，硬質。
- **花序** 雌雄異株，雌花序圓扁形黃色，雄花序圓錐形黃色。
- **果型** 裸子，具肉質種皮，呈紅色。

蘇鐵花期甚長，有助花粉的傳播，又授精期頗久，直到冬天種子方得發育，種子呈扁倒卵形，外披肉質種皮，成熟時呈紅色，摘取可做傳播的因子；種子及葉片均具毒性，切記勿試其味。

蘇鐵樹性強健，耐潮、耐寒、耐污染，但忌濕，雖然生長緩慢，但樹形特殊，又爲侏羅紀孑遺植物，栽種成行道樹除了增加視覺的美觀，也保留稀有植物的基因。

↓ 蘇鐵為雌雄異株，雌花序圓扁形，呈黃色，披褐色絨毛。

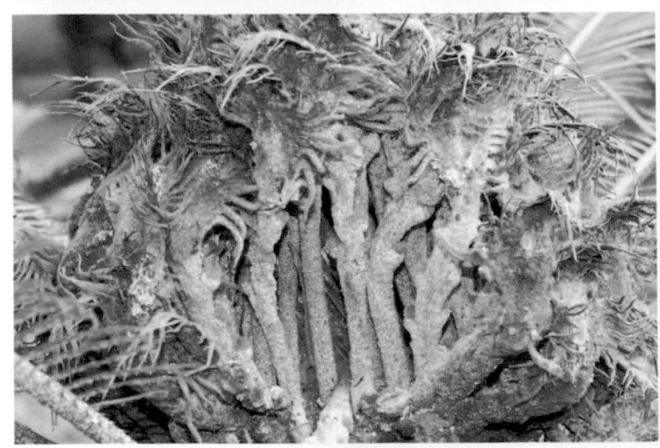

↑ 蘇鐵雌花授粉發育，會在宿存的花被裡長出扁卵形種子。

↑ 蘇鐵的雄花序生於莖頂，為長圓錐形黃色，老熟褐色垂下宿存莖頂。

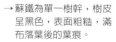

→ 蘇鐵為單一樹幹，樹皮呈黑色，表面粗糙，滿布落葉後的葉痕。

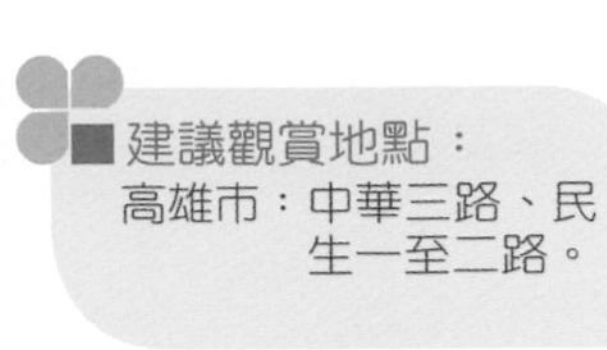

建議觀賞地點：
高雄市：中華三路、民生一至二路。

# 龍柏 *Juniperus chinensis* L. var. *kaizuka* Hort. *ex* Endl.

| 科名：柏科 Cupressaceae | 屬名：圓柏屬 |
|---|---|
| 英文名：Dragon Chinese Juniper | 別名：檜柏、真柏 |
| 生育地：丘陵地 | 原產地：中國、日本 |

葉序  花期 春 夏 秋 冬 果型 

龍柏爲常綠喬木，主幹直立，枝幹從近地面處橫生，當樹葉密生時，容易將主幹遮蔽，整個樹形呈圓筒形或尖塔形，樹皮灰褐色，常形成條狀剝皮，而露出紅褐色的內皮，樹幹多呈扭轉狀，高可生長至10公尺。

春天開始萌發新芽，於小枝先端生出，嫩葉爲刺形，有銳尖，對生或三葉輪生，成熟葉則爲鱗片狀，體積極小密生，先端鈍形，緊貼小枝而生，當翠綠色的新葉錯落在墨綠色的老葉中，將植株厚實的樹形妝點出清新的景象。

↓龍柏為常綠喬木，主幹直立，枝幹叢生，鱗葉遮著樹幹，樹形呈尖塔狀。（臺北市：臺大校園）

↑ 龍柏的新葉翠綠，呈刺形先端尖銳，對生或三葉輪生。

↓ 龍柏綠葉密生，鱗狀葉體積小，緊貼小枝而生，有如一根根細棒般。

晚春時在密生的鱗葉中，開始長出花朵，龍柏爲雌雄異株，雄花黃褐色，數量頗多，較易觀察；雌花小巧，爲白綠色，藏於綠葉中，雌雄花聚集於枝頂，形成小型毬花。發育的果實爲毬果，初爲淡灰綠色，老熟則爲褐色。

龍柏具有耐乾、耐潮、抗寒、抗污染、病蟲害少、壽命頗長等優點，且又爲高貴的象徵，常可在政府、學校等機關旁的行道上發現它的蹤跡。

## 形｜態｜特｜徵

**樹種** 常綠喬木，主幹直立呈扭轉狀，枝幹叢生，鱗葉密生，樹冠呈圓筒形或尖塔形，高可達10公尺。

**葉形** 幼葉為刺形，對生或三葉輪生，成熟葉則為鱗片狀。

**花序** 雌雄異株，雄花黃色，雌花灰綠色呈毬狀。

**果型** 毬果。

←龍柏為雌雄異株，雄花黃褐色，數量頗多，常聚生於枝端。

↓龍柏的鱗狀葉以交互相疊的方式緊密於小枝上，先端明顯尖銳形。

↑生長在小枝端的毬狀花為龍柏的雌花，常隱於綠葉中。

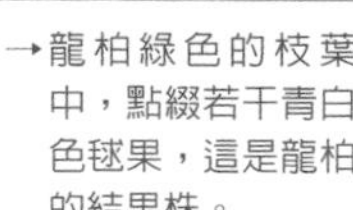

→龍柏綠色的枝葉中，點綴若干青白色毬果，這是龍柏的結果株。

■建議觀賞地點：
臺北市：北安路。



↓龍柏的果實為毬果，灰綠色外披白粉，毬果球形表面有小凸起。

→龍柏主幹粗直，樹皮呈灰褐色，具條狀剝落，內皮紅褐色，以扭轉狀生長。

# 竹柏 *Nageia nagi* (Thunb.) O. Ktze.

| | |
|---|---|
| 科名：羅漢松科 Podocarpaceae | 屬名：竹柏屬 |
| 英文名：Nagai Podocarpus | 別名：山杉 |
| 生育地：中、低海拔森林 | 原產地：臺灣原生於低、中海拔森林中。亦分布華南、海南島、日本及琉球 |

葉序  花期    果型  

←竹柏為常綠喬木，主幹直立，枝幹斜上，小枝柔軟，樹形呈窄塔狀。

竹柏為常綠喬木，主幹直立堅硬，枝幹斜上不生橫枝，小枝則數多且短，樹皮光滑，樹形為窄高塔狀，高可達20公尺，其木為工藝中的材料。

春天萌發新芽，單生葉對生於小枝，呈二行排列，葉形為橢圓形至狹披針形，先端漸尖至圓鈍，葉面革質具光澤，葉邊全緣，無中肋，具多數平行脈。葉片揉之有番石榴的氣味，因葉片形如竹葉而有竹柏之稱。

隨著春季新葉生長的同時，花序也接著生出，為雌雄異株，雄花圓柱狀，簇生於總梗上；雌花毬狀，腋生，胚珠倒生於頂生的苞腋，皆為青綠色。種子為球形核果狀，種托退化，外披肉質假種皮，為青藍色，披白粉。

竹柏樹姿挺立，樹冠濃綠，耐陰、抗污染，當作行道樹整齊劃一，增添綠意，美化視覺景觀。

↑竹柏於春天開花，雌雄異株，雄花圓柱狀，呈黃綠色。

## 形｜態｜特｜徵

| | |
|---|---|
| 樹種 | 常綠喬木，主幹直立，枝幹斜上，小枝多且短，樹皮光滑，樹形為窄塔形，高可達20公尺。 |
| 葉形 | 單生葉，對生於小枝，橢圓形至狹披針形，先端漸尖至圓鈍，無中肋，具多數平行脈。 |
| 花序 | 雌雄異株，雄花圓柱狀，聚生；雌花毬狀，腋生，皆為青綠色。 |
| 果型 | 核果狀球形種子。 |

←竹柏的葉子為單生葉，對生於小枝，狹披針形，具平行脈，有如竹葉。

↓竹柏雌花毬狀，開花於葉腋處，青綠色。

←竹柏的果實為球形核果，為青藍色，外披白粉。

←竹柏主幹直立，樹皮呈黑褐色，表面平滑，略有細縱紋。

建議觀賞地點：
臺北市：民生東路四段、研究院路二段。

# 羅漢松 *Podocarpus macrophyllus* (Thunb.) Sweet

| 科名：羅漢松科 Podocarpaceae | 屬名：羅漢松屬 |
| --- | --- |
| 英文名：Narrowleaf Podocarpus | |
| 生育地：熱帶低海拔山區 | 原產地：日本、琉球、中國西南 |

葉序 花期  果型  

羅漢松爲常綠喬木，主幹直立，枝幹短小，由接近地面處橫生，綠葉叢生密實，常將主幹遮蔽，樹形呈窄錐形，樹高可達20公尺。春季萌發新芽，線狀長橢圓形的新葉叢生枝端，新葉著生的嫩枝呈紅色，新葉則爲翠綠色，葉片先端銳形，中肋明顯隆起。老葉呈墨綠色，較不明亮，當翠綠色的新葉錯落於植株中，形成了獨特的層次感。

春天也是羅漢松開花的季節，爲雌雄異株，雄花序明顯，呈毬形葇荑狀，黃色，花粉隨風飛散；雌花單生腋出，具有孕性鱗片及肉質不孕性鱗片，爲綠色。羅漢松的花朵小巧，且沒有花瓣來吸引眾人目光，植株只爲傳粉播種，外形還是以線形樹葉爲主。

↓ 羅漢松常以綠籬方式栽種，是很受歡迎的庭園樹。

↓ 羅漢松萌發新芽，新葉呈翠綠色，在墨綠色的老葉中特別醒目。

↑ 羅漢松的葉片為線狀長橢圓形，叢生於枝端向四周散生，新葉翠綠顯得活潑生動。

↑ 羅漢松為雌雄異株，雄花序為葇荑狀呈黃色，花粉裸露隨風四散。

夏季植株綠葉茂密，受孕的雌花開始發育成球形核果狀種子，果實呈綠色，外披白粉；不孕性鱗片則發育成種托，成熟時種托膨大成肉質，肉質種托呈紅色。果實上部爲球形種子，下部爲長筒狀種托，外形有如佛教中的羅漢，因而有「羅漢松」之稱。

羅漢松樹性強健，樹形直立，抗風、抗潮，當作行道樹容易栽種，成排列植，整齊劃一，是都市綠化的好選擇。

## 形｜態｜特｜徵

**樹種** 常綠喬木，主幹直立，枝幹橫生，樹葉濃密，樹形窄錐形，高可達20公尺。

**葉形** 單葉，線狀長橢圓形，互生。

**花序** 雌雄異株，雄花毬葇荑狀，黃色，雌花毬單生，綠色。

**果型** 核果狀種子，球形，具肉質種托。

→羅漢松的雌花為毬形，具花托，呈青綠色，著生於葉間。

↓羅漢松的果實生長繁多，枝端常聚生青綠色的果實。

→羅漢松的果實常聚生於枝端，其造型有如佛家穿著橙紅色袈裟的羅漢，故名「羅漢松」。

←羅漢松為球形核果，由肉質長筒狀種托托著，成熟時核果披白粉，種托肥大，由黃色轉為紅色。

■建議觀賞地點：
臺北市：和平東路三段。

# 落羽松 *Taxodium distichum* (L.) Rich.

| 科名：杉科 Taxodiaceae | 屬名：落羽松屬 |
|---|---|
| 英文名：Bald Cypress | 別名：美國水松 |
| 生育地：沼澤地，河岸 | 原產地：美國東南部，密西西比河下游形成廣大森林 |

葉序 花序 花期 春 夏 秋 冬 果型 

落羽松為落葉喬木，主幹直立，枝幹側生，小枝柔軟，樹形在幼株呈圓錐形，成樹後則呈寬錐形，高可達40公尺。樹皮外側為灰褐色，具條狀剝裂，內皮則呈紅褐色，樹幹基部易形成板根狀，地下主根有瘤狀呼吸根竄出，圍繞在植株四周形成特殊景象，此為落羽松在原生沼澤地適應地形生長的方式。

春天是萌發新芽的時刻，原本只有枯枝的植株，小枝上冒出翠綠的葉片，妝點出季節變化。單葉呈羽狀排列，小葉互生呈線形，質軟如羽毛，葉面呈翠綠色，葉背則為白綠色。春天的植株披上一身翠綠，成排列植於行道上，展現出柔美清新的感受。

↓ 落羽松樹形直立，成排栽種於行道旁，感覺有如開車到北美大陸，頗有異國風味。（羅東運動公園）

杉科

針葉樹

↑落羽松主幹直立高聳，樹形呈寬錐形，春、夏整株為翠綠色，是都會中現代建築優美的襯景。

↑落羽松的葉子為羽狀單葉，小葉線形互生於枝條。

落羽松的花期在春天，爲雌雄同株異花，雄花黃綠色，頂生呈懸垂的圓錐花序，雌花綠色，呈毬狀散生於小枝先端。果實爲毬果，具短柄呈圓形，表面鱗片皺縮，初爲綠色，成熟時則爲褐色，鱗片內種子具翅片。

秋天天氣轉涼時，落羽松的葉子開始變色，初爲橙黃色，再轉變成紅色，最後爲褐色，這時刻是落羽松最富戲劇性的轉變，秋紅的景觀有如楓紅般令人讚嘆；寒冬來臨時，羽葉掉落一地鋪成柔軟的落葉層，植株只剩枯枝伸向天際。

## 形｜態｜特｜徵

| | |
|---|---|
| 樹種 | 落葉喬木，主幹直立，枝幹側生，樹形呈寬錐形，高可達40公尺。 |
| 葉形 | 單葉羽狀排列，小葉互生呈線形。 |
| 花序 | 雌雄同株異花，雄花黃綠色，為葇荑花序，雌花綠色，毬狀。 |
| 果型 | 毬果，圓形，初為綠色，成熟為褐色。 |

↑落羽松春天萌發新葉，新葉翠綠透光，在逆光下顯得特別亮麗動人。

←秋季時，落羽松的葉子會枯萎落下，黃褐色的落羽鋪陳一片。

←落羽松為雌雄同株異花，雄花葇荑狀，雌花毬狀呈綠色。

→春天開花後的落羽松果實開始發育，呈青綠色帶有白色粉狀，在羽葉的先端2、3顆結成球形果實。

杉科

針葉樹

■建議觀賞地點：
臺北市：瑞光路。
宜蘭縣：羅東運動公園。

→落羽松為落葉喬木，冬天時已變色的羽葉紛紛掉落，只剩直立的主幹以及側生的枝幹，形成行道上不同的風貌。

↓落羽松的樹皮為灰褐色，呈條狀剝裂，其內皮為紅褐色。

↑落羽松有板根的情形，而地下根則有瘤狀呼吸根竄出，形成特殊景象。

# 亞力山大椰子 *Archontophoenix alexandrae* (F. Muell.) Wendl. & Drude

科名：棕櫚科 Arecaceae

屬名：亞力山大椰子屬

英文名：Alexandra Palm

生育地：熱帶平原

原產地：澳洲昆士蘭

葉序  花序  花期 春 夏 秋 冬  果型 

←亞力山大椰子樹幹直立，樹形整齊，成排行列讓人有仰之彌高之感。（臺北市：士林官邸）

亞力山大椰子爲常綠喬木，樹幹單一呈圓柱狀，爲灰白色，下部較粗圓，可見氣生根，具明顯環紋，這是葉片脫落後遺留的葉痕；樹形高聳直立，樹冠向四方散生，高可達25公尺。

羽狀複葉萌發於春天，葉軸由樹頂中央伸出，呈翠綠色有如劍形，不久羽葉成長，裂片呈線狀披針形，先端漸尖或具2齒，基部邊緣則向下彎曲；總葉柄上部爲龍骨狀，上面具小溝，葉色由翠綠色漸變爲墨綠色。

老葉枯萎時，會從葉鞘處脫落，因爲所處位置高且葉面大，所以在栽植處的車行道旁，常有警告落葉的標示。小朋友則會以葉鞘爲墊，玩起拉車的遊戲。

夏季是開花時刻，肉穗花序於葉叢下方長出，具長形佛焰苞，花序成長時佛焰苞會早落，花爲雌雄同株異花，雄花在花序上方，雌花較小在花序下方，小花乳白色。果實於開花不久即開始發育，爲球狀橢圓形漿果，果實初爲綠色，成熟爲褐色，果皮具纖維質。

亞力山大椰子性好陽光，但不耐寒，樹形玉樹臨風，給人望之彌高的感覺。

## 形｜態｜特｜徵

| | |
|---|---|
| 樹種 | 常綠喬木，單一樹幹，高聳直立，樹冠四散，高可達25公尺。 |
| 葉形 | 羽狀複葉，葉片下側粉綠色，葉長3公尺，葉鞘寬大。 |
| 花序 | 肉穗花序，具佛焰苞，雌雄同株異花，雄花在上，下為雌花，小花乳白色。 |
| 果型 | 橢圓形漿果。 |

→亞力山大椰子樹幹細長挺直，呈灰白色，樹頂散生羽狀複葉，風動椰影，搖曳生姿。

↑亞力山大椰子的葉片為羽狀複葉，呈線狀披針形。

→亞力山大椰子為肉穗花序，具綠色佛焰苞，花序柄為黃色，雌雄同株異花，小花呈乳白色。

↑亞力山大椰子的果實為橢圓形漿果，成串高掛於樹上，初生為綠色，成熟後則為紅褐色。

←亞力山大椰子單幹直立，樹幹呈白灰色，環紋整齊明顯。

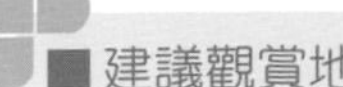

■建議觀賞地點：
臺北市：民生東路四段、至誠路二段。

# 檳榔 *Areca catechu* L.

| | |
|---|---|
| 科名：棕櫚科 Arecaceae | 屬名：檳榔屬 |
| 英文名：Areca Nut | 別名：菁仔叢 |
| 生育地：低海拔平原及山坡 | 原產地：熱帶亞洲 |

葉序 花序 花期     春 夏 秋 冬 果型 

↑ 檳榔樹形瘦高，羽狀複葉頂生樹梢，具有長葉鞘，小葉長線條形。

←檳榔單幹直立，開花時由葉鞘下伸出黃色花序。

## 形｜態｜特｜徵

**樹種** 常綠喬木，單一主幹，細長通直，樹皮白灰色，具環紋及皮孔，高可達20公尺。

**葉形** 羽狀複葉，頂生，具葉鞘，小葉長線形，葉柄斷面為3稜形。

**花序** 肉穗花序，具佛焰苞，腋生，雌雄同株異花，小花黃綠色。

**果型** 橢圓形核果。

檳榔爲常綠喬木，主幹單一，細長通直，樹皮爲白灰色，具明顯環紋及皮孔，樹冠散生，高可達20公尺。春天萌發新芽，羽狀複葉由莖頂生出，具綠色大葉鞘，長葉柄斷面爲3稜形，小葉數量多，爲長線形下垂。

夏天由葉鞘下伸出綠色佛焰苞，同時期會有數個，肉穗花序由佛焰苞內生出，爲雌雄同株異花，小花繁多呈黃綠色，雄花數多形小，雌花相較爲大形，具黃花柄多分歧，花季甚長直到秋天。檳榔樹頂端的生長點，常被摘下煮食，口感脆嫩，有「半天筍」之稱。

果實於開花後不久發育，橢圓形核果初爲綠色，成熟時則爲黃色。檳榔樹栽培爲經濟作物，其青綠色的核果稱爲「菁仔」，食用它的歷史可追溯至千年前，雖然可做提神之用，但其內含檳榔素與檳榔鹼，再加上石灰，這些都是危害人體的因子，尤其對口腔危害甚大，還是少食爲妙。

檳榔樹性強健，栽培容易，結果纍纍，產值甚大，將它列植行道旁，一方面豐富路樹的變化，一方面欣賞它玉樹臨風高挑的樹形。

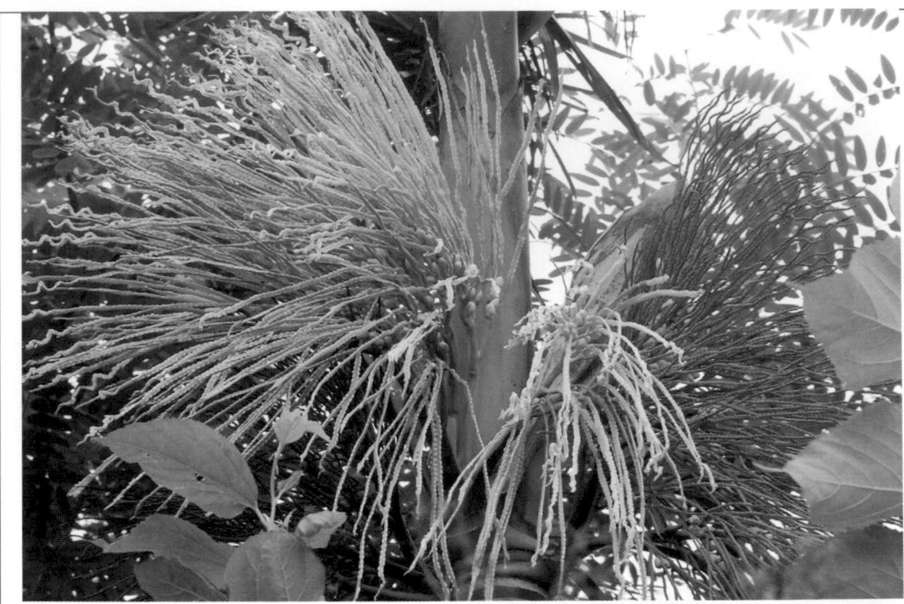

↑檳榔為肉穗花序，具綠色佛焰苞，花序軸伸出佛焰苞脫落，小花黃綠色。

→檳榔的果實為橢圓形核果，初為綠色，成熟後則為黃色。

↓檳榔的樹幹細直，呈白灰色，具明顯環紋及皮孔。

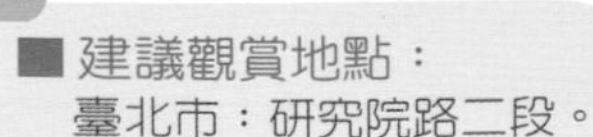

■建議觀賞地點：
臺北市：研究院路二段。

# 孔雀椰子 *Caryota urens* L.

| 科名：棕櫚科 Arecaceae | 屬名：孔雀椰子屬 |
|---|---|
| 英文名：Fish-tail Palm | 別名：魚尾葵 |
| 生育地：熱帶平原 | 原產地：馬來西亞、印度 |

葉序  花序  花期  春 夏 秋 冬 果型

孔雀椰子爲常綠喬木，單幹直立，粗壯具葉環，樹形圓柱狀，高可達20公尺。春天萌發新芽，二回羽狀複葉腋生，長約6公尺，具粗壯葉鞘，其背部呈龍骨狀，葉緣披棕毛；小葉互生，外側葉緣先端爲短突尖，頂緣則爲咬切狀，質薄而軟，呈魚鰭狀，爲其英文名的由來。

初夏植株綠葉茂盛，此時肉穗花序由葉腋處生出，具筒狀佛焰苞，小花梗多數，自總花梗基部分歧下垂，爲雌雄同株異花；雄花花被圓形，呈覆瓦狀，質硬，內花被爲赤色；雌花花被披毛，內花被爲綠色。

↓ 孔雀椰子種植在行道旁，葉形展開時像孔雀尾羽，將植株的外形展露無遺。

孔雀椰子的花序，雌雄互生，常常看到如拖把狀的花序，爲植株妝點出特殊風情。授粉後的雌花開始發育成果實，爲圓形核果，初爲綠色，成熟時則爲紅紫色，其內種子成穗細長。孔雀椰子的果實具毒性，誤觸或誤食皆對人體有害。

孔雀椰子植株健壯，耐旱、耐塵，繁殖容易不需特別管理。而其葉子造型特殊，具觀賞價值，讓車行道的植栽呈現多樣性，美化視覺的感受。

↑孔雀椰子生長旺盛，綠葉由莖底開展，植株整個是葉片叢生，難得見著樹幹。

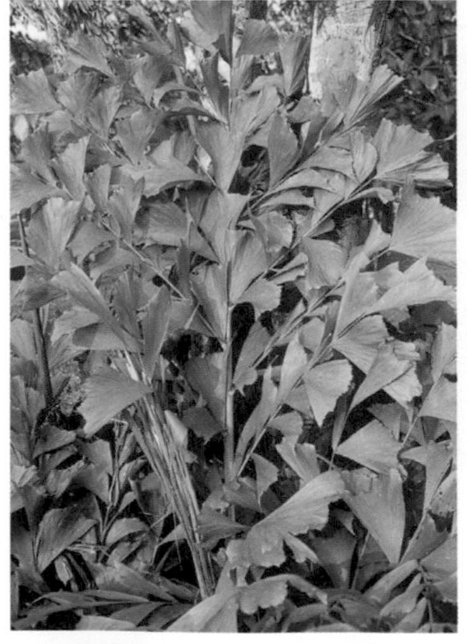

↑孔雀椰子為二回羽狀複葉，小葉互生如魚鰭狀，葉鞘呈龍骨有棕毛，整個複葉如孔雀開屏。

## 形｜態｜特｜徵

**樹種** 常綠喬木，單幹直立，具環，高可達20公尺。

**葉形** 二回羽狀複葉，小葉互生，質薄而軟，魚鰭狀，葉鞘呈龍骨狀，緣有棕毛。

**花序** 肉穗花序，雌雄同株異花，具筒狀佛焰苞；雄花花被圓形，覆瓦狀，內花被革質赤色；雌花花被較寬，披毛，內花被綠色。

**果型** 圓形核果，初為綠色，成熟則為紅紫色，種子成穗細長，有毒。

←孔雀椰子為常綠植物，莖幹單一直立，環紋明顯，花序軸多生，常宿存莖幹。

↓孔雀椰子為肉穗花序，具佛焰苞，花軸數多且下垂，為雌雄同株異花。

↑孔雀椰子樹性強健，常見花軸果軸聚生，有花序、有初果、也有熟果，將植株妝點得非常熱鬧。

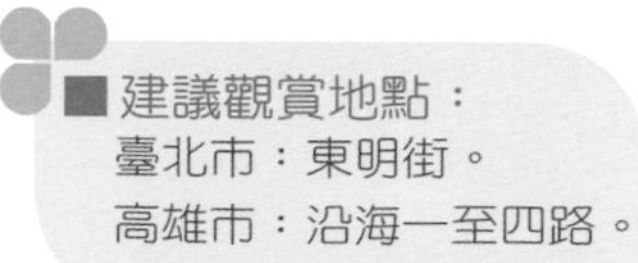

■建議觀賞地點：
臺北市：東明街。
高雄市：沿海一至四路。

↑孔雀椰子的果實為圓形核果，數量頗多，初為綠色，成熟為紅紫色，具毒性。

# 可可椰子 *Cocos nucifera* L.

| 科名：棕櫚科 Arecaceae | 屬名：可可椰子屬 |
| --- | --- |
| 英文名：Coconut Tree | 別名：椰瓢、古古椰子 |
| 生育地：熱帶低海拔海邊平地與坡地 | 原產地：熱帶美洲 |

葉序  花序 花期 

果型 

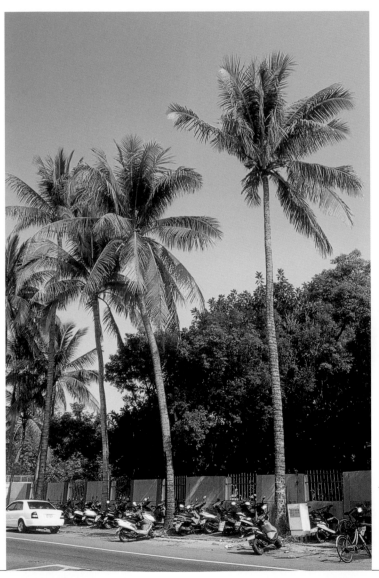

←可可椰子為常綠喬木，單一主幹細直，羽狀複葉叢生，樹形散生狀。

可可椰子爲常綠喬木，單一樹幹呈灰褐色，直立但基部略爲肥大彎曲，具落葉後的環紋但不甚明顯，樹冠散生，高可達30公尺。

春天萌發新芽，長葉鞘如劍般由樹梢伸出，隨著葉片長出而向下彎曲。葉爲羽狀複葉，叢生於莖幹上，小葉線形數量多至百數，其基部爲摺合狀，葉面平滑，葉邊全緣，葉鞘處具有黑褐色纖維，葉面及葉背呈黃綠色。

夏季羽狀複葉茂盛，陽光下椰影成蔭，是消暑遮陽的所在；風兒吹過，線形葉片隨風飄逸，陽光間歇閃爍，展現出熱帶氣候的風情。

肉穗花序於夏秋之際開出，花序於葉叢下生出，有綠色佛焰苞將花序托出，黃色花軸上滿布淡黃色小花，爲雌雄同株異花，上部爲雄花，下方則爲雌花。

可可椰子的果實爲橢圓形漿果，外種皮具3稜呈纖維質，內種皮則爲堅殼狀，初生時爲綠色，內含豐富汁液，成熟爲黃褐色，內爲厚實椰肉，老熟呈灰褐色會落果，由於外種皮纖維化能夠飄流海上，因此可藉以傳播種子。

可可椰子果實的果汁可飲，果肉可食，爲經濟水果之一，椰汁是從高高的椰樹上取得，故稱爲「半天水」；另外，椰肉可製成乾粉或榨成椰油，椰殼則可當容器，葉子可編成帽子，因此可可椰子的經濟效用還眞不少。

## 形｜態｜特｜徵

| | |
|---|---|
| 樹種 | 常綠喬木，單一主幹直立，基部略肥大彎曲，具環紋但不甚明顯，樹冠散生，高可達30公尺。 |
| 葉形 | 線形羽狀複葉，叢生，小葉多至百數，基部摺合狀，平滑全緣。 |
| 花序 | 肉穗花序，具佛焰苞，雌雄同株異花，小花淡黃色。 |
| 果型 | 橢圓形漿果，具3稜，外種皮厚質纖維化，汁肉可食。 |

↑可可椰子的小葉多至百數，基部摺合狀，黃綠色。

←可可椰子的羽狀複葉頂生於樹端，並向四周散生。

棕櫚科

棕櫚樹

↓可可椰子為肉穗花序，具佛焰苞，小花密生淡黃色。

↓可可椰子的羽狀複葉，是由多數的線形小葉組成。

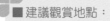

■建議觀賞地點：
高雄市：新莊仔路。
屏東縣：143、85縣道。

←可可椰子的小花黃色成串，掛於花序軸上。

←可可椰子果實形體大，為橢圓形漿果，具3稜，外皮纖維化，初生綠色，成熟黃褐色。

↓可可椰子主幹單一直立，樹皮呈灰褐色，基部略為肥大，環紋不甚明顯。

# 酒瓶椰子 *Hyophorbe lagenicaulis* (L. H. Bailey) H. E. Moore

| 科名：棕櫚科 Arecaceae | 屬名：酒瓶椰子屬 |
| --- | --- |
| 英文名：Bottle Palm | |
| 生育地：熱帶平原 | 原產地：摩里西斯及馬斯加里尼島 |

葉序  花序  花期 春 夏 秋 冬 果型

酒瓶椰子為常綠喬木，單幹直立，下部粗圓狀，直徑最大可達60公分，往上處則變成小圓柱形，整體的樹幹有如酒瓶，故有「酒瓶椰子」之稱。樹皮呈灰褐色，具明顯環紋，高可達3公尺，是椰子樹中較迷你型的，且其生長一直保持酒瓶的形狀。

春天是萌發新芽的時刻，羽狀複葉由莖頂伸出，長劍般的葉芽，直指天空，接著羽葉紛紛冒出，小葉多達60對，披針形，葉柄長約45公分，具圓筒型葉鞘，將莖幹完全包住。

肉穗花序於夏季生長，具長橢圓狀的佛焰苞，一季中佛焰苞生長多數，常見在葉叢下一根根綠色如筍般的佛焰苞同時存在，當花序成長時佛焰苞會枯萎掉落，此時只見黃色小花布滿的花序。

↓ 酒瓶椰子是椰子樹中較迷你的樹種，外形可愛討喜，當作行道樹讓路人有奇特的新鮮感。（臺北市：仁愛路四段）

酒瓶椰子為雌雄同株異花，雄花生長於花梗上端，雌花則在花梗基部，果實為橢圓形的漿果，初生時為綠色，成熟時則為黃色。

酒瓶椰子為陽性樹種，生長強健，喜高溫多濕，耐乾、耐塵，但不耐寒，其樹形特殊，當作行道樹可增添景觀上的變化，也是都會綠美化的最佳選擇。

## 形｜態｜特｜徵

**樹種** 常綠喬木，單幹直立，形如酒瓶，樹皮為灰褐色，環紋明顯，高可達3公尺。

**葉形** 羽狀複葉，小葉數多，披針形，小葉基部稍隆起，為淡綠色。

**花序** 肉穗花序，具佛焰苞，雌雄同株，小花黃色。

**果型** 橢圓形漿果，初為綠色，成熟則為黃色。

→酒瓶椰子高約3公尺，樹幹單一如酒瓶，羽狀複葉由莖頂伸出。

↓酒瓶椰子為羽狀複葉，綠色大葉鞘包裹著莖幹，小葉數量多為披針形。

↑酒瓶椰子成葉的葉鞘下，常有如筍形的綠色葉芽。

↑酒瓶椰子為肉穗花序，具長橢圓形佛焰苞，花軸上滿布黃色小花。

↑酒瓶椰子的果實為橢圓形漿果，初生時為綠色，成熟則為黃色，宿存果軸上。

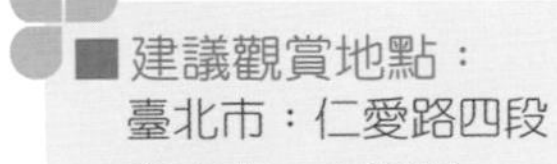

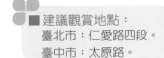

■建議觀賞地點：
臺北市：仁愛路四段。
臺中市：太原路。

←酒瓶椰子的樹幹粗短，下部粗圓狀，上部小圓柱呈灰褐色，具明顯環紋。

棕櫚科

# 棍棒椰子 *Hyophorbe verschaffelti* Wendl.

| 科名：棕櫚科 Arecaceae | 屬名：酒瓶椰子屬 |
| --- | --- |
| 英文名：Spindlipalm | |
| 生育地：熱帶平原 | 原產地：馬斯加里尼島 |

葉序  花序 花期 春    冬 果型  

←棍棒椰子高約6公尺，不像其他10公尺的椰子樹，感覺較為親切，人行其間沒有壓迫感。

棕櫚樹

←棍棒椰子為羽狀複葉，小葉數量多呈長披針形，具大片葉鞘包覆莖幹，成葉漸次下垂。

↓棍棒椰子主幹單一，莖幹由下往上膨大，形如棍棒而得名。

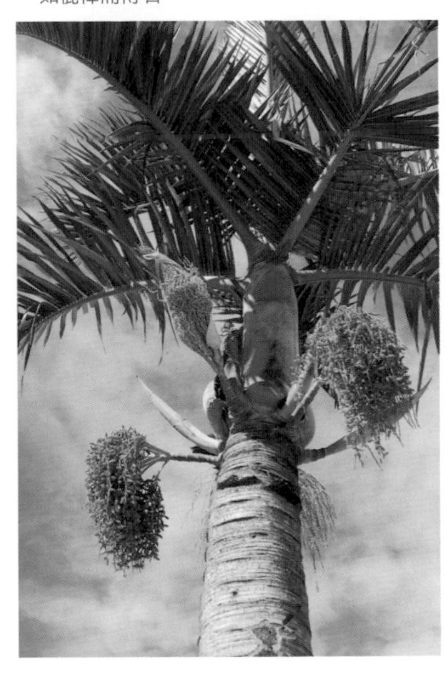

## 形｜態｜特｜徵

**樹種** 常綠喬木，單一莖幹，由基部向上膨大如棍棒，灰褐色，環紋明顯，樹冠散生，高可達6公尺。

**葉形** 羽狀複葉，具大葉鞘，叢生頂端，小葉數10對，長披針形。

**花序** 肉穗花序，腋生，具佛焰苞，小花黃色。

**果型** 橢圓形漿果，由綠色轉褐色，成熟為黑色。

棍棒椰子爲常綠喬木，單一莖幹直立，呈灰褐色，具明顯環紋；莖幹由下往上膨大狀如棍棒，因此而得名。樹冠向四方散生，植株高可達6公尺。春天萌發新芽，羽狀複葉叢生莖頂，綠色葉鞘基部肥大，將莖幹包覆無纖維，長葉軸水平伸出，小葉數10對，呈長披針形，先端漸尖，基部上隆起爲黃色，葉面摺合。

春天綠葉茂盛，植株成排行列於行道旁，單一的樹幹整齊地將行道劃分，搖曳的樹葉，增添都會熱帶風情。

夏天肉穗花序由腋處生出，先是由綠色佛焰苞包裹，不久黃色花序軸伸出，爲雌雄同株異花，小花數量多呈黃色，同一時間數個肉穗花序齊生，高掛莖幹四周，增添開花的熱鬧。

果實爲橢圓形漿果，花多果實也多，成串懸掛在樹幹上，初生爲綠色，成熟爲褐色，老熟則爲黑色，常宿存果軸上。植株在初秋時常是綠葉、黃花、褐果俱全。

棍棒椰子樹性強健，生長良好，耐旱、耐塵，樹形有特色，當作行道樹可整齊市容，也是綠化、美化的好選擇。

←棍棒椰子開花期時於葉鞘下生出花苞，常多數花苞齊生，環繞莖幹一圈。

↓棍棒椰子於夏、秋季節開花，具佛焰苞，當黃色花軸伸出，佛焰苞即枯萎掉落。

↑棍棒椰子為肉穗花序，黃色花軸數量多，質輕柔軟下垂。

→棍棒椰子的果實為橢圓形漿果，果軸多果實也多，初生時為綠色。

↑棍棒椰子的漿果，成熟由綠色轉為褐色，老熟則為黑色，常宿存樹上。

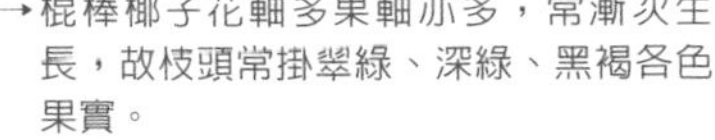

→棍棒椰子花軸多果軸亦多，常漸次生長，故枝頭常掛翠綠、深綠、黑褐各色果實。

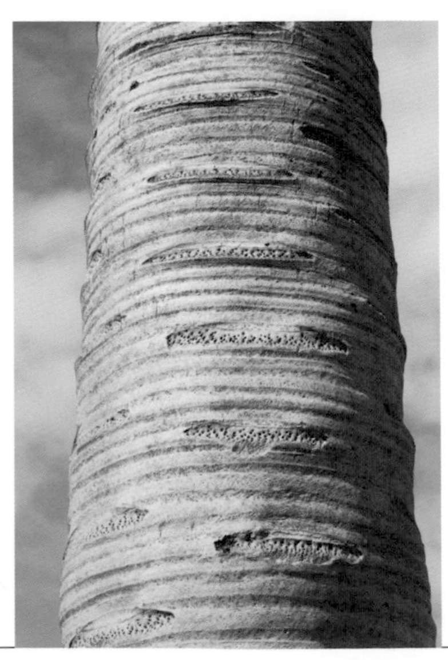

←棍棒椰子的樹幹呈圓筒狀，為灰褐色，具明顯環紋。

■建議觀賞地點：
臺北市：內湖路一段。
臺中市：太原路。
嘉義市：彌陀路。

棕櫚科

# 蒲葵 *Livistona chinensis* (Jacq.) R. Br. var. *subglobosa* (Hassk.) Beccari

| | |
|---|---|
| 科名：棕櫚科 Arecaceae | 屬名：蒲葵屬 |
| 英文名：Fan Palm | 別名：扇葉蒲葵 |
| 生育地：熱帶平原 | 原產地：臺灣原生於龜山島。亦分布日本九州諸島、琉球、爪哇 |

葉序 | 花序 | 花期 春 夏 秋 冬 | 果型

蒲葵爲常綠喬木，單幹粗壯直立，樹皮灰褐色，環紋不明顯，葉片向四周開展，故樹冠呈圓形，高可達10公尺。春天萌發新芽，單生葉由莖頂生出，大片葉鞘延伸爲長葉柄，葉柄全部具有刺，柄端葉片呈扇形，而先端裂片則爲長線形，其線形裂片多尖而下垂。

新葉爲翠綠色，老葉則爲墨綠色，枯葉由葉柄處掉落，遺留黑褐色的葉鞘在莖幹上，所以樹幹上有一段枯葉鞘層層相疊，葉鞘多數披長棕毛，是以前農家簑衣的材料。

↓ 蒲葵不若高大的椰子樹，圓形樹冠視線可及，當作行道樹讓人有親近感。（高雄市：河東路）

棕櫚樹

→蒲葵主幹單一直立，綠葉四方散生成圓形，花序與果序皆能平視觀之。

夏天從葉腋處生出肉穗花序，具筒狀佛焰苞，花序直立分歧，爲雌雄同株的兩性花，小花數量多爲黃色，花萼覆瓦狀，花瓣革質，花絲鑿形，輪狀連生。開花後不久果實發育爲橢圓形核果，初爲綠色，成熟時則爲紫黑色，結實纍纍的高掛於樹上。

蒲葵樹性強健，喜高溫多濕的氣候，耐塵、防風。開花時節植株在叢綠中妝點出黃色花序，呈現行道樹蓬勃朝氣；當微風吹拂葉片，綠葉如扇子般搖曳，也爲車行道上帶來另一番風情。

## 形｜態｜特｜徵

**樹種** 常綠喬木，單幹直立，環紋不明顯，樹冠呈圓形，高可達10公尺。

**葉形** 單生葉，具葉柄，扇狀，先端裂片長線形。

**花序** 肉穗花序，具筒狀佛焰苞，花序直立分歧，雌雄同株，為兩性花，小花多為黃色。

**果型** 橢圓形核果，初為綠色，成熟時則為紫黑色。

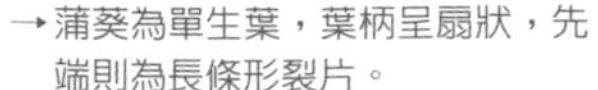

→蒲葵為單生葉，葉柄呈扇狀，先端則為長條形裂片。

→蒲葵為肉穗花序，雌雄同株，花與梗皆為黃色。

↑蒲葵的果實為橢圓形核果，初為綠色，成熟則為紫黑色。

↑蒲葵樹皮灰褐色，環紋不明顯，有細縱裂紋。

↑蒲葵宿存的葉鞘層層相疊，葉鞘披棕毛，為農家蓑衣的材料。



■建議觀賞地點：

臺北市：南海路、忠孝東路六段、塔悠街。

新竹市：北大路。

高雄市：河東路、河西路、中華四至五路。

# 臺灣海棗 *Phoenix hanceana* Naudin

| 科名：棕櫚科 Arecaceae | 屬名：海棗屬 |
| --- | --- |
| 英文名：Formosan Date Palm | 別名：臺灣糠榔 |
| 生育地：臺灣全島低海拔平原及山麓之乾燥地 | 原產地：臺灣原生，亦分布香港、海南島 |

葉序  花序  花期 春 夏 秋 冬 果型

臺灣海棗爲常綠喬木，莖幹粗壯直立，且單一無分枝，綠葉叢生於莖頂，呈開傘狀的向四周散開，莖幹上密存葉痕，是爲老葉枯萎掉落的痕跡，葉痕上宿存葉鞘，因而其葉痕呈明顯葉鞘排列，形成特殊的樹幹外形。植株挺立，高可達7～8公尺。

春季萌發新葉，羽狀複葉由莖頂生出，具粗壯的葉柄，葉柄基部小葉呈刺狀，線形小葉長約50公分，先端銳尖，葉基合併成溝，葉面平滑具革質，葉邊全緣，具平行脈，整個羽狀複葉長約2公尺。

溫暖的春天也是開花季節，腋生的肉穗花序由葉叢中伸出，爲雌雄異株，初期包裹在橢圓形佛焰苞內，不久花序生出，小花無數呈鮮黃色，在翠綠的葉叢中特別醒目，也吸引許多昆蟲前來採蜜。

↓臺灣海棗樹姿優美，帶有熱帶異國風情，當作行道樹讓景致有著多樣的變化。（高雄市：同盟路）

棕櫚科

棕櫚樹

←臺灣海棗為單一主幹，其羽狀複葉頂生，並向四周散生，有如孔雀開屏，造型引人注目。

↓臺灣海棗為羽狀複葉，由莖頂處伸出，小葉線形先端尖銳狀，葉基合併成溝。

秋風吹起，果實開始發育，橢圓形的漿果排列在花梗上，成熟時呈橙黃色，在臺灣海棗的植株上非常引人注目，等到老熟時會轉爲黑色。

臺灣海棗樹姿優雅，成排的植列在行道上，樹性強健，耐旱、耐瘠、耐熱、抗空氣污害力強，另外樹形獨立突出，增添不同的視野，當開花結果的時刻，植株更具觀賞價值。

## 形｜態｜特｜徵

**樹種** 常綠喬木，莖幹單一直立，樹冠開傘形，高可達7～8公尺。

**葉形** 羽狀複葉，小葉線形，長約50公分，先端尖銳，葉基合併成溝，全緣。

**花序** 肉穗花序，具佛焰苞，雌雄異株，小花黃色。

**果型** 漿果長橢圓形，成熟為橙黃色。

↑臺灣海棗為肉穗花序，具佛焰苞，雌雄異株，花柄伸出苞片，柄與花均為黃色。

↑臺灣海棗果實於秋天發育，橙黃色橢圓形漿果串串懸掛，是植株季節變化的景致。

←臺灣海棗橢圓形漿果數量極多，高掛花柄上，初為綠色成熟則為橙黃色，等到老熟會變為黑色。

■建議觀賞地點：
臺北市：北安路。
高雄市：同盟一至三路。

←臺灣海棗為單一樹幹，呈白灰色，密存葉痕，葉痕上有明顯的葉鞘。

# 大王椰子 *Roystonea regia* (H. B. & K.) O. F. Cook

| | |
|---|---|
| 科名：棕櫚科 Arecaceae | 屬名：大王椰子屬 |
| 英文名：Royal palm | 別名：王棕、文筆樹 |
| 生育地：熱帶平原 | 原產地：古巴及西印度群島 |

葉序  花序  花期 春 夏 秋 冬  果型 

←大王椰子成排矗立於車行道中，迎風搖曳的羽葉，妝點出一些熱帶風情。（臺北市：仁愛路四段）

## 形｜態｜特｜徵

**樹種** 常綠喬木，單幹直立，具環紋，中央稍肥大，高可達18公尺。

**葉形** 羽狀複葉，小葉披針形，先端2裂。

**花序** 肉穗花序，具佛焰苞，花乳白色，雌雄同株異花。

**果型** 球形漿果。

大王椰子樹形直立挺拔，其高聳入雲的樹幹以及迎風搖曳的綠葉，成排簇立在車行道中間，除了分隔來往車輛外，也將都會行道妝點出一份熱帶風情。灰白色的樹幹高達18公尺，環紋由下往上延伸，靠近地面處還有一些氣根露出，中央由於水分多因此稍略肥大，植株只有主幹沒有分枝。

大王椰子爲羽狀複葉，小葉披針形，長約50公分，先端2裂，具平行脈，爲單子葉植物。新葉成長於春天，由主幹頂端伸出長長葉柄，葉柄有綠色芽苞，遠望有如一根綠色長劍，當綠色小葉冒出，大片的羽狀複葉形成。

夏季葉片成長，次第往四周下垂，讓羽狀複葉向四面伸展，植株呈現椰子樹特有的樹形，當風兒吹動，地面搖曳著椰影，還眞帶有點熱帶味道。老葉下垂枯死，會從葉鞘處脫落，因葉形龐大，在樹下要防範被壓傷的可能。葉鞘脫落處形成葉痕，就是主幹上的環紋。

←大王椰子樹形直立挺拔，成排行列有望之彌高的莊嚴感。

←大王椰子的葉子為羽狀複葉，小葉披針形，具大型葉鞘。

大王椰子的花季在秋天，由葉腋處生出肉穗花序，具明顯綠色的佛焰苞，爲雌雄同株異花，雄花乳白色先雌花開出，花序柄爲鮮黃色伸出於佛焰苞外，在綠葉中甚爲醒目。果實爲球狀橢圓形漿果，成長於秋、冬，常懸掛於植株上。

↓大王椰子為肉穗花序，具佛焰苞，雌雄同株異花，小花乳白色，同一時期會有多個花序同時開出

↓大王椰子的果實於秋天發育，為球狀橢圓形漿果，常有好幾串掛在樹上。

←大王椰子的樹幹呈白灰色，中央稍粗大，具明顯環紋，是葉子脫落的葉痕。

■建議觀賞地點：

臺北市：仁愛路四段。

新竹市：民族路。

臺中市：五權西三街。

高雄市：中華一至四路、中山一至四路。

屏東市：中正路、復興北路、菸廠路、仁愛路。

# 華盛頓椰子 *Washingtonia filifera* (Linden *ex* Andre) Wendl.

| | |
|---|---|
| 科名：棕櫚科 Arecaceae | 屬名：華盛頓椰子屬 |
| 英文名：California Washingtonpalm | 別名：老人棕 |
| 生育地：低海拔平原 | 原產地：美國南部 |

葉序  花序  花期 春 夏 秋 冬 果型 

華盛頓椰子為常綠喬木，主幹單一直立，呈圓柱狀，基部較肥大，樹幹黃褐色，具明顯環紋，樹冠呈圓形散生狀，高可達20公尺。春天萌發新芽，掌狀葉由莖頂生出，單生葉有長柄，葉柄淡綠色略具刺，中裂呈扇形，裂片多數，先端絲狀下垂，葉面革質摺合狀，葉邊具多數白色絲狀纖維，形若鬚狀；葉片枯萎時下垂，不會脫落。

夏天肉穗花序由葉腋處生出，先由綠色佛焰苞包覆，長花序軸再伸出苞片外，花序軸較葉為長，呈黃色下垂，小花白色為雌雄同株。秋天果實成長，橢圓形核果初為黃褐色，成熟則為藍黑色。

華盛頓椰子樹形高大挺立，列植在行道旁，頗有威嚴之姿，其生長強健，抗旱、耐塵。

↓ 華盛頓椰子樹形單一高大，當作行道樹可整齊市容，與較矮的樹種搭配，視覺上有層次的美感。（高雄市：民生一路）

→華盛頓椰子為常綠喬木，莖幹單一直立，高聳入雲，樹冠呈圓形散生。

↓華盛頓椰子為單生葉，於莖頂生出，為掌狀中裂，裂片線形下垂。

↑華盛頓椰子為肉穗花序，花序軸呈黃色多分歧，小花白色為雌雄同株異花。

## 形｜態｜特｜徵

**樹種** 常綠喬木，單一主幹直立，呈圓柱狀，基部較肥大，樹幹黃褐色，環紋明顯，樹冠圓形散生，高可達20公尺。

**葉形** 單生葉，掌狀中裂，裂片長線形數量多，先端下垂，頂生，斜上水平開展，枯萎時下垂宿存於植株。

**花序** 肉穗花序，花序軸長下垂，小花白色，雌雄同株異花。

**果型** 橢圓形核果。

←華盛頓椰子在開花後。果序開始成長黃色果串結果纍纍。

→華盛頓椰子的果實為橢圓形核果，長果軸下垂，核果懸掛初為黃褐色，成熟時則為藍黑色。

→華盛頓椰子樹幹呈黃褐色，具環紋，老幹有氣根現象。

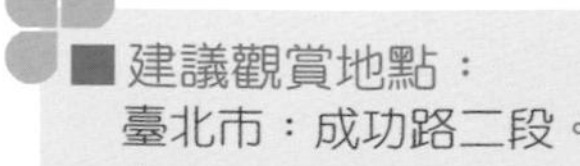

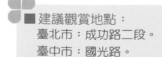

■建議觀賞地點：

臺北市：成功路二段。

臺中市：國光路。

高雄市：光華一至二路、民生一至二路、鼓山三路。

屏東市：中山路、復興北路。

# 芒果 *Mangifera indica* L.

| 科名：漆樹科 Anacardiaceae | 屬名：檬果屬 |
| --- | --- |
| 英文名：Mango | 別名：木羨仔、檬果 |
| 生育地：熱帶低海拔山坡 | 原產地：熱帶亞洲 |

葉序 花序 花期    果型  

芒果爲常綠喬木，主幹直立，枝幹斜上分歧，小枝數多，樹幹光滑爲灰褐色，幹、枝、葉攀折處會有白色乳汁流出，具黏性及毒性，樹冠呈傘狀，高可達18公尺。春天萌發新芽，爲單生葉叢生於枝端，葉爲長橢圓披針形，新葉呈紫紅色，有時新葉滿布枝頭，是春天觀賞紅葉的時機。

由冬季延續至春天的花期，圓錐花序頂生枝端，紅色花軸上小花繁多，將植株妝點成淡黃色，因此引來許多蜜蜂採蜜；小花容易隨風飄散，只見地面鋪滿花色，雖然每個花序小花無數，但傳粉發育成果實的則在少數，因此果柄下的芒果果實掐指可算。

↓ 芒果新葉為紅色呈傘狀覆蓋樹冠，將車行道妝點成一座紅綠色隧道，讓人有進入大自然的感覺。（臺北市：松山路）

↑芒果於春天萌發新芽，新生葉呈紫紅色，有時滿布枝頭，形成可觀賞的紅葉。

芒果於夏天時滿樹綠意，作為行道樹成為綠色隧道，有清涼爽朗之感。此時樹梢下開始串起橢圓形核果，芒果果實初生時為綠皮青肉，成熟時則為綠皮黃肉，老熟時會自動落果。

芒果除了以上介紹的土芒果外，還有栽種其他許多品系，其所產生的果實大小、風味不一，是經濟水果的一種。

## 形|態|特|徵

| | |
|---|---|
| 樹種 | 常綠喬木，主幹直立，枝幹斜上分歧，小枝多，樹冠呈傘狀，高可達18公尺。 |
| 葉形 | 單生葉叢生，長橢圓披針形，革質。 |
| 花序 | 圓錐花序，小花繁多淡黃色，花軸紅色。 |
| 果型 | 橢圓形核果。 |

←芒果為單生葉，叢生於枝端，成葉墨綠色，長橢圓披針形，革質全緣。

↑芒果於冬季至來年春天開花，吸引蜜蜂穿梭於花叢間採蜜。

↑芒果的圓錐花序頂生於枝端，紅色花序軸先抽出，花芽漸次成長。

→芒果開花時，圓錐花序上滿布淡黃色小花，吸引蜜蜂前來採食。

↑芒果花朵凋謝後果實開始發育，綠色核果高掛枝頭，成熟時為可口的水果。

↑芒果主幹直立，樹幹呈灰褐色，表面平滑，略有縱紋。

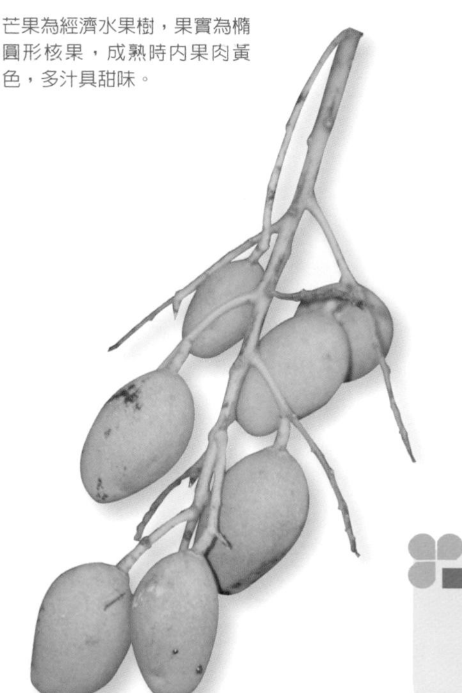

↓芒果為經濟水果樹，果實為橢圓形核果，成熟時內果肉黃色，多汁具甜味。

■建議觀賞地點：

臺北市：中華路二段、松山路。

嘉義縣：164縣道民雄段。

雲林縣：臺三線。

臺南縣：臺三線383K玉井段。

# 黃連木 *Pistacia chinensis* Bunge

| 科名：漆樹科 Anacardiaceae | 屬名：黃連木屬 |
|---|---|
| 英文名：Chinese Pistache | 別名：爛心木 |
| 生育地：臺灣中南部溪谷及山麓 | 原產地：臺灣原生，亦分布華北、華南 |

葉序  花序  花期 春 夏 秋 冬 果型 

黃連木爲落葉喬木，主幹直立，枝幹斜生，小枝細軟繁多，樹冠呈圓形，高可達20公尺。樹皮呈片狀剝落，有如歲月風霜，其木材質密且堅韌，紋理美觀，是一等闊葉木材，只是老木心材常常中空腐朽，故有「爛心木」之稱。

春天萌發新芽，奇數羽狀複葉開始伸出，小葉披針形，先端漸尖，葉基歪形，葉面平滑，葉邊全緣，最特殊的是幼葉呈紅色，雖然不會整株紅葉，但是紅綠相間的植株，卻是黃連木春天給人印象深刻的地方。

↓黃連木主幹直立，枝幹斜生，樹形呈圓形狀，綠葉在春天萌發，夏天則是一樹的濃密，行列在行道旁，綠意盎然令人感到爽朗。（高雄市：華夏路）

←黃連木春天萌發新芽，嫩葉剛出為紅色，在陽光下閃爍光澤，有觀賞價值。

新葉不久的暖春，花序逐漸開出，黃連木爲雌雄異株，雄花爲總狀花序，雌花爲圓錐花序，花序皆爲腋生，常叢生於羽狀複葉的下端，撥開葉子方能觀察個究竟。

果實發育接著花期後開始，球形核果初爲紅褐色，生長在枝頭葉叢下端，成熟時爲紫藍色，此時綠葉茂密，樹形雅致，羽葉紛飛，是植株最壯麗的時刻，列植在車行道旁，是爲最佳的綠化屏障。

秋天的黃連木，羽狀複葉在掉落前開始變化爲紅色，雖然不易有整片的秋紅出現，但向陽迎風的植株則會整株豔紅，尤其透過陽光照射，更是顯出紅葉魅力，是都市難得的紅葉植物。

在秋紅的絢爛演出後，冬天則會褪去枯萎的葉子，只留枝椏光禿身影，不過卻是隱藏生機，等待春天時的萌芽。

### 形 | 態 | 特 | 徵

| | |
|---|---|
| 樹種 | 落葉喬木，主幹直立，枝幹斜生，小枝繁多，樹冠呈圓形，高可達20公尺。 |
| 葉形 | 奇數羽狀複葉，小葉披針形，先端漸尖，葉基歪形，葉面平滑，葉邊全緣，幼葉呈紅色。 |
| 花序 | 雌雄異株，雄花總狀花序，雌花圓錐花序。 |
| 果型 | 核果，球形。 |

←黃連木為奇數羽狀複葉，葉小質輕，常隨風飄動。

↑黃連木的花序常隱於綠葉下。

→黃連木的花為雌雄異株，花序小巧，不易分雌雄，要等到結果才知曉。

↓黃連木的果實為小巧的球形核果，初生時為綠色，數量頗多，結果期顏色變化大。

↑黃連木花朵嬌小，結果卻多，果實呈紅色，相間在綠葉中頗為醒目。

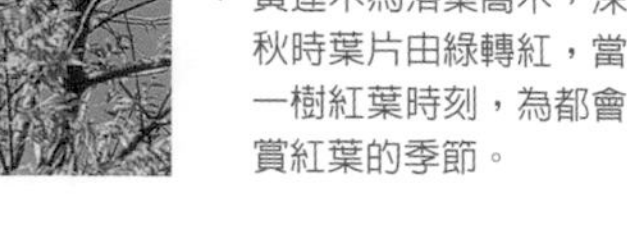

←黃連木為落葉喬木，深秋時葉片由綠轉紅，當一樹紅葉時刻，為都會賞紅葉的季節。

←黃連木樹幹呈褐色，有片狀剝落，木材紋路美觀可用，但容易中空爛心。

■建議觀賞地點：

臺北市：中華路一段。

臺中市：忠明南路、南平路。

高雄市：九如一至二路、華夏路、翠華路。

# 臺東漆樹 *Semecarpus gigantifolia* Vidal

| 科名：漆樹科 Anacardiaceae | 屬名：臺東漆屬 |
| --- | --- |
| 英文名：Giant-leaved Marking-nut | |
| 生育地：臺灣花蓮、恆春、蘭嶼等地之濱海地區 | 原產地：臺灣原生，亦分布於菲律賓 |

葉序  花序  花期 春 夏 秋 冬    果型

臺東漆樹爲常綠喬木，主幹粗壯直立，枝幹多分歧，樹冠呈半圓形，樹高可達20公尺。樹皮平滑呈灰褐色，樹的汁液有毒，接觸時皮膚會發癢，春天萌發新芽，單葉互生於枝條，多叢生於枝端，具葉柄，厚革質，爲長橢圓披針形，葉片先端尖銳，葉基爲圓形，葉邊全緣，葉面深綠，葉背灰白，側脈明顯。

夏天時，圓錐花序頂生於枝條，在叢生的綠葉前端開出，嬌小的白色小花點綴在綠葉中頗爲醒目，具紅色的鐘形花萼，爲整株樹木帶來不同的色彩變化。

←臺東漆樹主幹直立粗壯，枝幹多分歧，葉面碩大叢生，樹冠呈半圓形。

↓臺東漆樹的綠葉為單生葉，互生枝條常叢生於枝端，呈長橢圓披針形。

秋天果實開始發育，橢圓形核果被葉叢拱出，初為綠色，成熟時為深褐色，較特殊的是基部具有一膨大的心形花托，花托會從綠色轉為黃色再變化為紅色，常常各色相間在果叢裡，增添植株季節的色彩變化。

臺東漆樹樹木生長強健，抗空氣污染力強，加上樹姿雄偉，葉片叢生，綠蔭濃鬱，是為優美的觀賞樹木，當作行道樹可讓人欣賞其不同的姿態。

## 形｜態｜特｜徵

**樹種** 常綠喬木，主幹直立粗壯，枝幹多分歧，樹冠呈半圓形，高可達20公尺。

**葉形** 單葉互生，叢生於枝端，長橢圓披針形，厚革質，先端尖銳，葉基圓形，葉面深綠，葉背灰白，葉邊全緣。

**花序** 圓錐花序，小花白色，具紅色花萼。

**果型** 核果，橢圓形，基部具一膨大心形花托。

→臺東漆樹的葉片厚革質，先端尖銳，葉邊全緣，葉背呈明顯白灰色。

↓臺東漆樹於夏季開花，為圓錐花序常隱於綠葉中，白色小花具紅色花萼。

↑臺東漆樹花兒小巧，但結果卻非常明顯，常受到人們的注意。

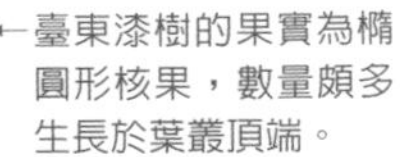

←臺東漆樹的果實為橢圓形核果，數量頗多生長於葉叢頂端。

↑臺東漆樹的核果初生為綠色，成熟則為黑色，基部膨大的花托變為紅色。

↑臺東漆樹的樹幹呈灰褐色，表面平滑，枝幹割開會流毒性汁液。

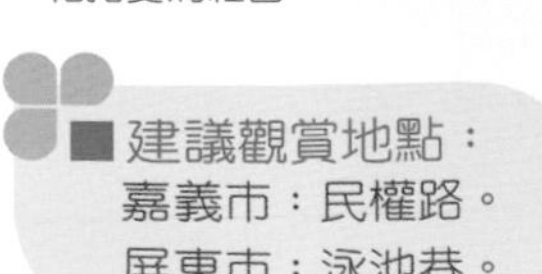

■建議觀賞地點：
嘉義市：民權路。
屏東市：泳池巷。

# 印度塔樹 *Polyalthia longifolia* (Sonn.) Thwaites

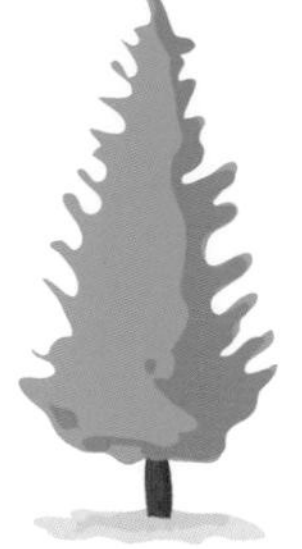

| 科名：番荔枝科 Annonaceae | 屬名：暗羅屬 |
|---|---|
| 英文名：Long-leaf Polyalthia | 別名：垂枝長葉暗羅 |
| 生育地：熱帶平原 | 原產地：印度、巴基斯坦、斯里蘭卡 |

葉序 花序 花期   果型  

印度塔樹爲常綠喬木，主幹細長直立，枝幹側生下垂，小支柔軟呈綠色，樹形爲直塔型，高可達18公尺。春天萌發新芽，單生葉互生於枝條，長狹披針形，具葉柄及托葉，先端漸尖，基部鈍形，葉面光亮紙質，葉邊波浪緣，中肋明顯，具側脈，嫩葉呈褐色，整體爲下垂狀。

印度塔樹枝葉茂盛，層層下垂覆蓋，主幹隱沒於綠葉中，在行道旁形成一個個細塔狀，成排植列也是一番特殊景象。

夏天剛到，繖形花序由葉腋處生出，黃綠色小花隱藏在綠葉中，需要撥開枝葉方可尋見。果實於開花後不久發育，卵形漿果聚生，初爲綠色，成熟時則爲黑色。

↓ 印度塔樹植列於行道旁，如塔狀般矗立，奇特的造型為行道樹增添些許印度風情。（高雄市：河西路）

↑印度塔樹的主幹細長直立。

↑印度塔樹的樹葉為單生葉，光滑翠綠，長狹披針形，葉邊波浪緣。春天萌發新葉，幼葉帶紅褐色，新葉則呈翠綠光澤。

↓印度塔樹枝幹與樹葉呈下垂狀，並且層層相疊，將主幹覆蓋，形成直塔狀樹形。

印度塔樹生長強健，耐旱、耐塵，當作行道樹無法遮蔭，只有觀賞綠美化的作用。在印度地區印度塔樹被視爲佛教聖樹呢！

## 形｜態｜特｜徵

**樹種** 常綠喬木，主幹細長直立，枝幹多下垂，小枝柔軟呈綠色，樹形為直塔型，高可達18公尺。

**葉形** 單生葉，互生，長狹披針形，先端尖形，基部鈍形，葉面光亮紙質，葉邊波浪緣，整體下垂。

**花序** 繖形花序，腋生，小花黃綠色。

**果型** 卵形漿果。

←印度塔樹為繖形花序，黃綠色小花常被枝葉覆蓋，需翻開葉片方得窺視。

←印度塔樹為卵形漿果，常聚生果軸上，初生為綠色。

↓印度塔樹的果實漸次成熟，由綠色轉為黃綠色，老熟時為黑色。

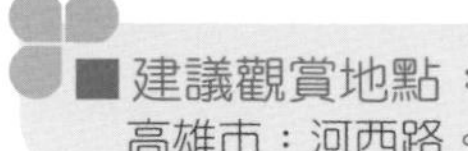

■建議觀賞地點：
高雄市：河西路。

↓印度塔樹的樹幹呈黑褐色，表面平滑。

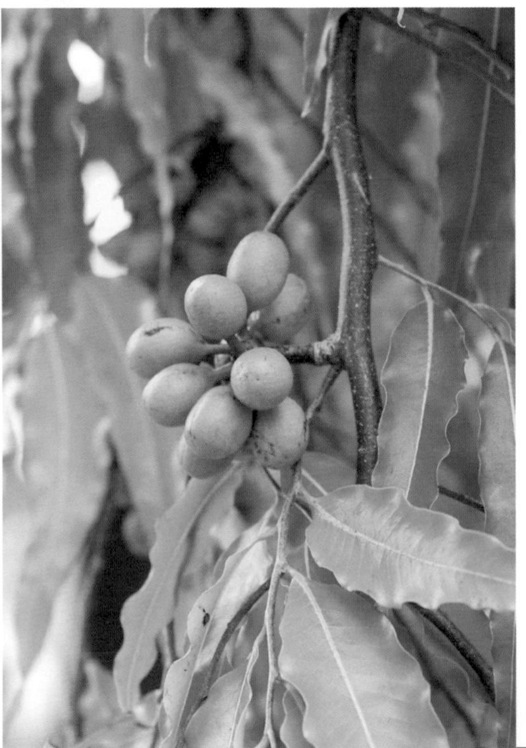

# 黑板樹 *Alstonia scholaris* (L.) R. Br

| 科名：夾竹桃科 Apocynaceae | 屬名：黑板樹屬 |
|---|---|
| 英文名：Palimara Alstonia | 別名：象皮樹、燈架樹 |
| 生育地：熱帶平原 | 原產地：印度、菲律賓 |

葉序  花序  花期 春 夏 秋 冬  果型 

黑板樹爲常綠喬木，主幹直立高聳，樹皮灰褐色，其上布滿明顯的氣孔，裂開時會有白色乳汁流出，具毒性；枝幹於樹幹高處以輪生方式向四方水平展開，樹形爲圓筒狀，高可達25公尺。黑板樹木材輕軟，適合作黑板，因此而得名。

春天萌發新芽，輪生葉由枝端伸出，4～10枚小葉組成，小葉爲長橢圓形，表面具革質且光滑，側脈明顯多數；輪生葉成熟後，新葉再由輪生葉柄端生出，形成一輪接一輪的枝葉。

春天是開花季節，繖房聚繖花序頂生於枝端，小花數量多，爲白綠色，有如結球般的展現，細看花冠裂片呈圓形，中心喉部具有絨毛。果實於夏季開始發育，蓇葖果爲細長形，懸掉在枝椏間，初爲綠色，成熟則爲褐色。

↓黑板樹同時栽種兩排，長大後形成綠色步道，悠遊漫步其間，感受清新自然的浪漫。（臺中市：興大路）

## 形｜態｜特｜徵

**樹種** 常綠喬木，主幹直立高聳，枝幹輪生呈水平展開，樹形為圓筒狀，高可達25公尺。

**葉形** 4～10枚輪生葉，長橢圓形，革質，側脈多。

**花序** 頂生，繖房狀聚繖花序，白綠色小花，花冠裂片圓形，喉有絨毛。

**果型** 蓇葖果，細長形，初為綠色，成熟則為褐色。

↓黑板樹的小花呈白綠色，花冠裂片反捲，喉部具白色絨毛。

↑黑板樹為繖房聚繖花序，小花繁多聚生，於枝端結成球狀。

秋天果實成熟，外皮會裂開露出褐色種子，種子線形帶有緣毛且質輕，會隨著風吹飄落地面，有時數量多到滿布天空，像棉絮般的四處飛散。

黑板樹長勢強健，不擇土壤，抗風力強，樹姿挺立，成排的植列，增添都市的綠化景觀。

↓黑板樹為輪生葉，小葉長橢圓形，革質有光澤，中肋明顯，側脈數多。

↓黑板樹在秋季長出線形果實，植株上一條條果實懸掛，表示進入結實傳種的階段，黑板樹大都靠風傳種。

→黑板樹為細長形蓇葖果，初為綠色垂掛小枝，成熟為褐色外皮會開裂，帶毛的種子飄散四處。

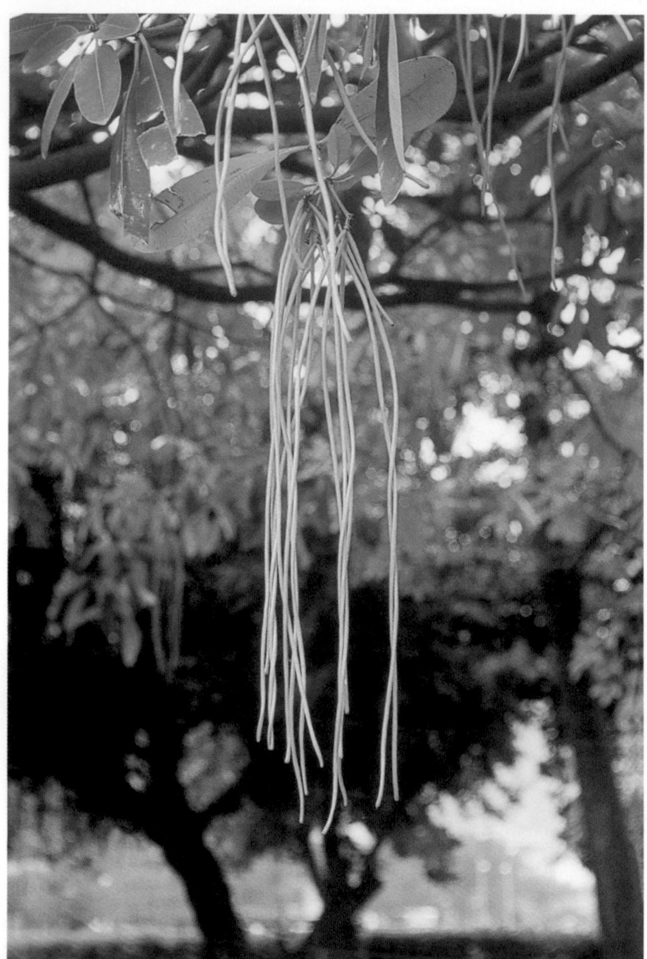

↓黑板樹的樹幹為灰褐色，樹形直立，樹皮質軟，其上滿布氣孔，裂開流出白色汁液，具毒性。

■建議觀賞地點：

臺北市：民權東路六段、松仁路、永吉路。

新竹市：東大路、公道五路。

臺中市：興大路、經國路、忠明南路、南平路、忠太西路、東光路。

嘉義市：大雅路。

臺南市：新建路。

高雄市：自由一至四路、翠華路、中正一至二路。

# 海檬果 *Cerbera manghas* L.

| 科名：夾竹桃科 Apocynaceae | 屬名：海檬果屬 |
| --- | --- |
| 英文名：Sea Mango | 別名：海羨仔、山羨仔 |
| 生育地：臺灣沿海叢林 | 原產地：臺灣原生，亦分布印度、馬來西亞、菲律賓、琉球 |

葉序  花序  花期   果型 

春 夏 秋 冬

海檬果爲常綠喬木，主幹直立，枝幹斜生，小枝硬直，樹冠呈傘狀，高可達12公尺。樹皮灰褐色，富含白色乳汁，帶有毒性。春天萌發新芽，爲革質單葉，叢生於枝端，具葉柄呈披針形，葉的先端漸尖尾狀，葉基則爲楔形，葉邊全緣，葉面翠綠有光澤，中肋明顯，具8～10對側脈。

初夏爲開花期，聚繖花序頂生於葉叢，小花呈白色，中心爲紅色且具毛，應該是吸引昆蟲的訪花採蜜，花冠長漏斗型，先端5裂平展，花朵嬌豔美麗，展現在葉面上，清新爽朗，是植株最令人注目的時刻。花期甚長，直到秋天還是可觀賞到美麗花朵。

↓ 海檬果生育在濱海地區，當作臺灣沿海公路的行道樹甚為恰當，也彰顯了濱海植物的特色。

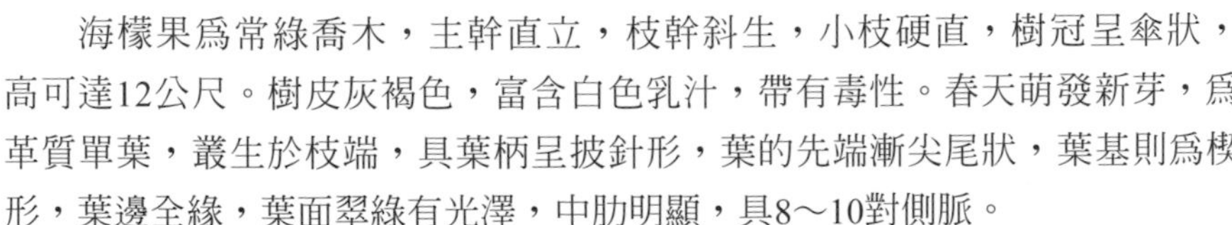

↑海檬果四季常綠，枝葉茂盛，開花時白花點點，是為觀賞的樹種。

→海檬果的葉片為長披針形，單葉叢生枝端，翠綠色先端漸尖，中肋明顯，側脈數多。

## 形｜態｜特｜徵

| | |
|---|---|
| 樹種 | 常綠喬木，主幹直立，枝幹斜生，樹冠呈傘形，高可達12公尺。 |
| 葉形 | 單葉叢生枝端，披針形，先端漸尖，葉基楔形，葉邊全緣。 |
| 花序 | 聚繖花序，小花白色，中央為紅色。 |
| 果型 | 核果，卵圓形，有毒。 |

海檬果的果實為卵圓形核果，發育於秋天，初為綠色，成熟時為紅色，其外型有如芒果，但是可不能食用，因為內含劇毒。

海檬果生性強健，生長迅速，抗風、抗污染、耐旱、耐熱，作為行道樹具屏障遮蔽之效，且樹姿優美，綠葉明亮，白花嬌豔，頗富觀賞價值，但要謹記其全株含毒，尤其果實含有劇毒，可得小心不要誤食。

↑ 海檬果夏季開花，聚繖花序開於葉叢之上，使得植株滿布白色花朵，花季可長至秋天。

↓ 海檬果的花蕾聚生，次第開出白色花朵，花瓣呈漏斗形5裂，裂片平展若風車，中央喉部為紅色。

↓ 海檬果於開花後結果，果實由果枝處下垂，懸掛在樹梢下，模樣玲瓏可愛。

←海檬果的果實為卵圓形核果，初為綠色，成熟時則為紅褐色，外形有如芒果，但卻含劇毒。

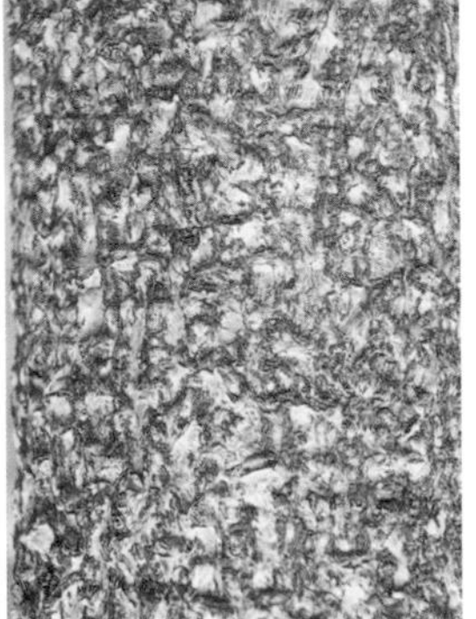

↑ 海檬果樹皮灰褐色，表面皺皮，裂開有白色乳汁流出，需小心其具有毒性。

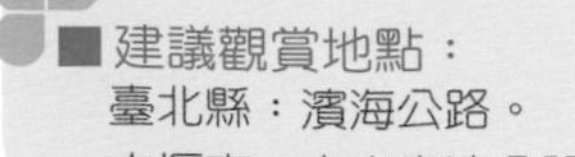

■ 建議觀賞地點：

臺北縣：濱海公路。

中壢市：中山高速公路新屋至楊梅段。

# 緬梔 *Plumeria rubra* L. var. *acutifolia* (Poir.) *ex* Lam.) Bailey

| 科名：夾竹桃科 Apocynaceae | 屬名：雞蛋花屬 |
| --- | --- |
| 英文名：Mexican | 別名：雞蛋花、印度素馨 |
| 生育地：熱帶平原 | 原產地：墨西哥 |

葉序  花序  花期 春 夏 秋 冬 果型 

緬梔爲落葉喬木，主幹較短，枝幹多且分歧，小枝呈肉質棍棒狀，有明顯的落葉痕，枝幹有光澤呈白灰色，落葉後的光禿枝椏，有如鹿角般分叉。樹冠呈傘狀，高可達9公尺。

春天萌發新葉，將原本光禿的枝條鋪陳綠色新意。單生葉叢聚在枝端，爲卵狀長橢圓形，先端有突尖，葉基楔形；主脈凹凸，側脈多數呈羽狀，透過陽光的照射，清楚地彰顯葉脈紋路，仔細觀賞還具設計之美。

春暖花開正是緬梔的寫照，聚繖花序由葉叢中伸出，黃白色花朵（亦有紅色花系）數量頗多，搭配在綠葉叢中有如美麗的花束；花瓣5片呈肉質狀，以交互方式排列，白色中間具黃斑，黃斑色彩以漸暈方式展開，花朵清新可愛還具香味，落花常以旋轉方式落下，並在地面呈現繽紛的落英。

↓ 緬梔常與高大的樹種相間於行道旁，以其寬大的綠葉、美麗的花朵妝點行車道。（臺中市：東光路）

緬梔的花期甚常，直到夏末還能看到花朵，而秋天成熟的果實爲蓇葖果。沒有花開的植栽，大片綠色透光的葉子，呈現綠意盎然的生機，讓視覺有清新爽朗的感受。秋末落葉植株呈現光禿，將又是另一番景象。

緬梔爲陽性樹種，生命力強盛，抗風抗旱，只要日照充足，則花開繁美，當作行道樹除了綠意還有花語。

## 形｜態｜特｜徵

**樹種** 落葉喬木，主幹較短，枝幹多且分歧，樹冠傘狀，高可達9公尺。

**葉形** 單葉簇生枝端，卵狀長橢圓形，先端有突尖，葉基楔形，羽脈多數。

**花序** 聚繖花序，花黃白色（亦有紅色花系），中間有黃斑，具香味。

**果型** 蓇葖果。

↑緬梔為單生葉，簇生於枝端，具葉柄，為卵狀長橢圓形，羽脈明顯，有透光性。

→緬梔花期甚長，聚繖花序由葉叢中伸出，大片綠葉相間白花，清爽中帶有香氣。

→緬梔為聚繖花序，花軸呈紅色，小花5瓣片具肉質感，不論白花或紅花，花心都帶有黃色。

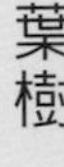

←緬梔其果實為蓇葖果，初生為綠色，成熟轉為黑色。

↓緬梔小枝呈肉質棍棒狀，葉片常叢生枝端，小枝會宿存葉柄脫落的圓形痕跡。

←緬梔主幹短直，呈白灰色，表面光滑，略有條狀裂紋。

←緬梔的枝幹多分歧，有如鹿角般分叉，尤其在落葉後，分叉的枝幹伸上天際，樹形頗為奇特。

■建議觀賞地點：
臺北市：安興街。
臺中市：東光路。
嘉義市：民權路。

# 黃花夾竹桃 *Thevetia perviana* Merr.

| 科名：夾竹桃科 Apocynaceae | 屬名：黃花夾竹桃屬 |
|---|---|
| 英文名：Yellow Oleander | 別名：番仔桃 |
| 生育地：熱帶平原 | 原產地：熱帶美洲 |

葉序　　花序　花期　春   冬　果型

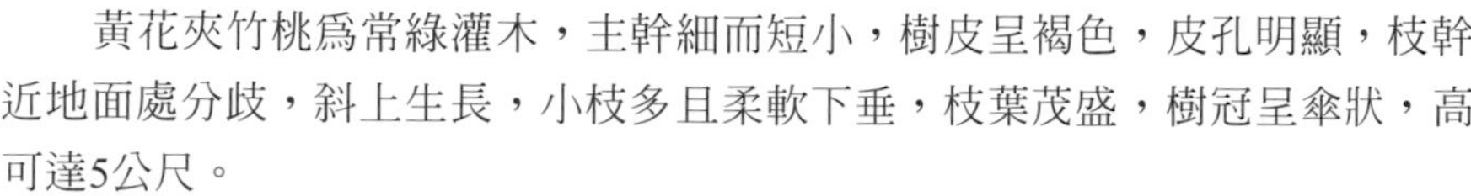

黃花夾竹桃爲常綠灌木，主幹細而短小，樹皮呈褐色，皮孔明顯，枝幹近地面處分歧，斜上生長，小枝多且柔軟下垂，枝葉茂盛，樹冠呈傘狀，高可達5公尺。

春天萌發新芽，單生葉爲線形披針狀，互生於枝條，葉兩端均爲銳角，葉面革質有光澤，葉邊全緣，葉下中肋明顯，其他側脈則不明。新芽萌發將植株披上一抹翠綠，全株線條形的葉子在微風中飄動，給人清爽的感覺。

黃花夾竹桃花期甚長，由夏天到秋天都可看到開花。聚繖花序頂生，花朵碩大爲黃色，花形呈漏斗狀，花瓣裂片覆蓋疊合，喉部有5枚卵形鱗片，具香氣；黃花搭配在綠葉中，顯得特別嬌豔，也是植株妝點色彩的時刻。

果實於花瓣掉落後發育，爲扁三角形核果，具長果柄，堅硬兩端隆起，內含一枚種子，初爲綠色，成熟則爲黑色。

↓黃花夾竹桃為常綠灌木，主幹短小，枝幹斜生，小枝柔軟，樹冠呈傘形。

黃花夾竹桃的枝幹及葉片割開，會分泌白色乳汁，含有毒性，尤其是果實更具強毒，在行道旁栽種是爲美化環境，切忌攀折誤食以免中毒。

## 形｜態｜特｜徵

**樹種** 常綠灌木，主幹短小，枝幹接近地面斜上生長，小枝柔軟下垂，樹冠呈傘狀，高可達5公尺。

**葉形** 單生葉線形披針狀，互生枝條，兩端均銳，有光澤革質，葉下中肋明顯，側脈不明。

**花序** 聚繖花序頂生，花黃色。

**果型** 扁三角形核果。

■建議觀賞地點：
高雄市：中山四路、河東路、河西路。

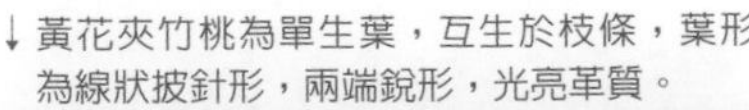
↓黃花夾竹桃為單生葉，互生於枝條，葉形為線狀披針形，兩端銳形，光亮革質。

→黃花夾竹桃的果實為扁三角形核果，具長果柄，兩端隆起，其性甚毒。

←黃花夾竹桃為聚繖花序，頂生於枝端，嬌花呈黃色，為漏斗狀花形。

←黃花夾竹桃為灌木，主幹短小，樹皮呈褐色，具明顯的皮孔。

# 蠟腸樹 *Kigelia pinnata* (Jacq.) DC.

| 科名：紫葳科 Bignoniaceae | 屬名：蠟腸樹屬 |
| --- | --- |
| 英文名：Sausage Tree | |
| 生育地：熱帶平原 | 原產地：熱帶非洲 |

葉序  花序  花期 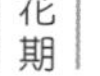  

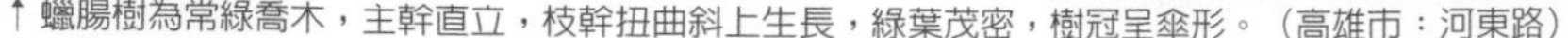

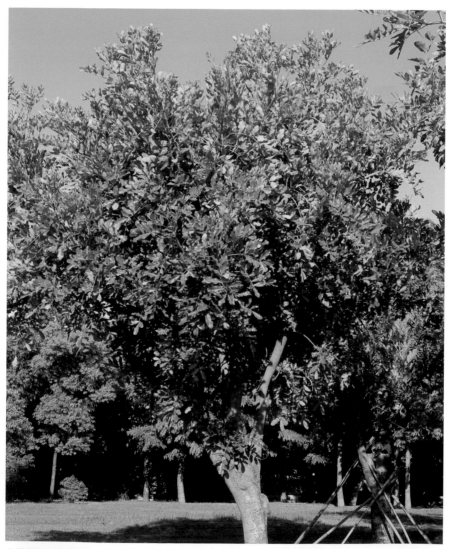

↑ 蠟腸樹為常綠喬木，主幹直立，枝幹扭曲斜上生長，綠葉茂密，樹冠呈傘形。（高雄市：河東路）

蠟腸樹爲常綠喬木，主幹直立，枝幹扭曲斜上生長，小枝多且分歧，樹皮呈灰褐色，光滑，老幹時會有不規則塊狀剝落，樹冠呈傘形，高可達10公尺。春天萌發新芽，爲一回奇數羽狀複葉，小葉對生於葉軸上，呈長倒卵形，先端略凹，基部歪形，葉面光滑革質，葉背披絨毛，中肋明顯。

蠟腸樹的羽狀複葉造型頗大，葉片相互間空隙也大，讓人一望植株的葉片，即可辨識它。

夏天圓錐花序生出，長花軸下垂達數10公分，花苞個個朝上舉起，碩大的花朵卻朝下開展，筒狀花形呈深紅色，花冠鐘形，於夜間恣意綻放，隔天清晨則紛紛掉下，徒留像氣根般的花軸還在樹上。

蠟腸樹名稱的由來即是果實的形狀呈長條狀，像是一根根蠟腸垂掛在長果梗上，體型碩大，外皮厚實，內含纖維狀果肉，種子被包覆於內。

## 形｜態｜特｜徵

**樹種** 常綠喬木，主幹直立，枝幹扭曲斜上生長，小枝多且分歧，樹冠呈傘形，高可達10公尺。

**葉形** 一回奇數羽狀複葉，小葉7～9對生於葉軸上，長倒卵形，先端略凹，基部歪形，葉背披絨毛。

**花序** 圓錐花序，長花序軸下垂，花碩大呈深紅色，夜間開花。

**果型** 圓柱長條形果實，粗大，皮厚，果肉纖維狀。

↓蠟腸樹為一回奇數羽狀複葉，小葉長倒卵形，葉面光滑革質，略具透光性。

→蠟腸樹為圓錐花序，花序軸甚長。

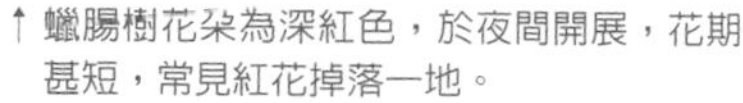

↑蠟腸樹花朵為深紅色，於夜間開展，花期甚短，常見紅花掉落一地。

↑蠟腸樹的花朵碩大，為筒狀花，紅花冠則為鐘形，雄蕊明顯呈黃色。

←蠟腸樹花瓣飄落後，果實開始發育，此時花托與花柱宿存，呈黃褐色。

→蠟腸樹的果實以長果軸懸掛於樹下。

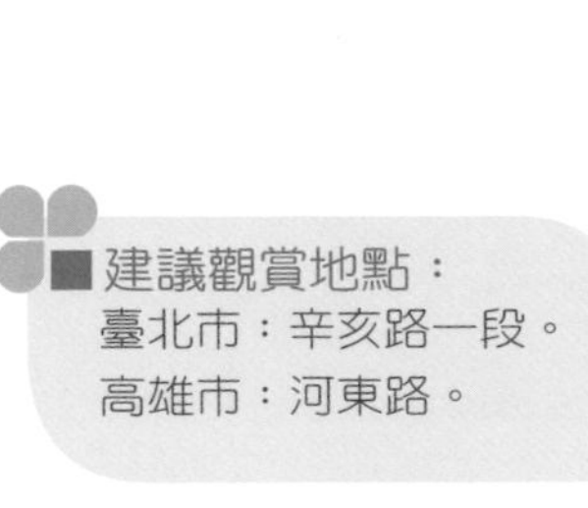
建議觀賞地點：
臺北市：辛亥路一段。
高雄市：河東路。

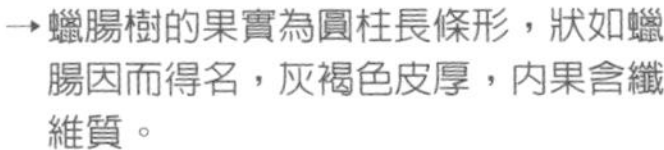
→蠟腸樹的果實為圓柱長條形，狀如蠟腸因而得名，灰褐色皮厚，內果含纖維質。

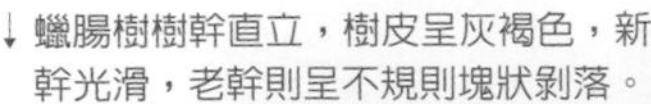
↓蠟腸樹樹幹直立，樹皮呈灰褐色，新幹光滑，老幹則呈不規則塊狀剝落。

# 火焰木 *Spathodea campanulata* Beauv.

| | |
|---|---|
| 科名：紫葳科 Bignoniaceae | 屬名：火焰木屬 |
| 英文名：Tulip Tree | 別名：佛焰樹、泉水樹 |
| 生育地：熱帶平原 | 原產地：熱帶非洲 |

葉序 花序  花期 春 夏   果型  

火焰木爲常綠喬木，主幹直立，枝幹斜上生長，小枝則下垂，枝頭綠葉茂密，樹冠呈傘狀，高可達15公尺。春天萌發新芽，爲奇數羽狀複葉，小葉對生，爲卵狀披針形，先端漸尖，葉基圓形，葉面光滑，葉被披毛，葉邊全緣，葉脈明顯。新葉淺綠色，成葉則爲深綠色，在行道路旁若是沒有開花，只覺植株色暗無趣。

火焰木植株並無特色，但當花季開始則有讓人驚訝的表現。花季從前一年的秋天直到來年春天，總狀花序頂生枝頭，近10朵碩大花形聚生，花兒呈豔麗的橙紅色，花序滿布枝頭，如火焰般燦爛，頓時讓植株感覺熱情了起來。

↓ 火焰木當作行道樹，只見綠化與分隔的作用，等到大紅花朵展現於樹冠時，方才驚覺其為豔麗的樹種。（臺中市：東光路）

↑火焰木樹冠呈傘形，綠葉濃密，橙紅色花朵頂生樹梢，如火焰般引人注目。

↑火焰木為奇數羽狀複葉，葉色由淺至深，小葉卵狀披針形，無柄對生葉軸。

頂生的總狀花序，小花具黃褐色長花萼，花冠爲闊鐘形，冠緣呈波浪狀，帶有金邊，花內蜜源豐富，常有綠繡眼小鳥來採蜜。

火焰木的果實爲蒴果，呈長橢圓形，兩端漸尖，中間肥大，外皮披毛，初爲綠色，成熟則爲黑褐色，成熟時蒴果裂開，會露出帶翅的橢圓形種子，隨風飄去以散播下一代。

## 形｜態｜特｜徵

**樹種** 常綠喬木，主幹直立，枝幹斜上生長，小枝下垂，樹冠呈傘形，高可達15公尺。

**葉形** 奇數羽狀複葉，小葉無柄對生，為卵狀披針形，深綠色。

**花序** 總狀花序，頂生，小花橙紅色，長花萼革質呈黃褐色，花冠緣波浪狀。

**果型** 長橢圓形蒴果。

→火焰木為總狀花序，頂生枝端，花形碩大，花色豔麗，花冠闊鐘形，其花蜜常吸引野鳥採食。

↑火焰木開花時花序繁生，橙紅色花朵滿布枝頭，花期甚長令人驚豔。

←花開花落後，火焰木的果實開始發育，為長橢圓形蒴果，兩頭漸尖，中央肥大，成熟會開裂露出種子。

■建議觀賞地點：

臺北市：新生北路三段、南海路、大度路、承德路四段。

臺中市：東光路、經國路。

高雄市：左營大路、中正五路、鼓山三路。

# 黃花風鈴木 *Tabebuia chrysantha* (Jacq.) Nichols.

| 科名：紫葳科 Bignoniaceae | 屬名：風鈴木屬 |
| --- | --- |
| 英文名：Golden Trumpet-tree | 別名：黃金風鈴木、伊菩樹 |
| 生育地：熱帶平原 | 原產地：南美洲 |

葉序　花序　花期　春　夏　秋　冬　果型

金黃色的花球在枝椏間綻放絢麗的色彩，滿布花形的植株，搭配蔚藍的天空，烘托出飽和的金黃色，當陽光閃爍於花間時，耀眼的花景呈現於眼前，令人禁不住停歇腳步，仰頭讚嘆這場美麗的邂逅。

黃花風鈴木於春天萌芽前開花，總狀花序頂生於枝條，小花爲金黃色，呈漏斗狀，花冠邊爲皺摺緣，於花序兩側對稱生長。黃花風鈴木的春花，是行道樹上的花季，金黃色的花球爲初春的暮氣帶來活潑耀眼的色彩。

黃花風鈴木爲落葉喬木，主幹細直，枝幹柔軟，小枝多分歧，樹冠呈散生狀，高可達6公尺。春天於開花後開始萌芽，爲掌狀複葉對生於小枝，具長葉柄，小葉5片，爲卵橢圓形、深綠色、紙質、披毛，先端尖形，葉脈明顯，葉邊爲疏鋸齒緣。

↓ 黃花風鈴木最為人欣賞的是開花期，種在行道旁的植株，開出一季令人讚嘆的花朵。（臺南市：林森路）

黃花風鈴木的花期甚短，大約10天即凋謝，整個夏季則是綠葉鬱鬱的時刻，掌狀複葉常隨著風兒搖擺，此時果實開始發育，長條形蒴果於秋天長成，初爲綠色，成熟時爲灰褐色，常宿存枝頭，老熟爲褐色掉落地面，呈2片開裂，露出許多帶薄膜的種子，種子會隨風飄送，是傳播下一代的機制。

## 形｜態｜特｜徵

| | |
|---|---|
| 樹種 | 落葉喬木，主幹細直，枝幹輕柔，小枝多分歧，樹冠呈散生，高可達6公尺。 |
| 葉形 | 掌狀複葉，對生，具長柄；小葉5片，卵橢圓形，紙質，披毛，先端尖形，葉脈明顯，葉邊疏齒緣。 |
| 花序 | 總狀花序，頂生，小花金黃色，花形呈漏斗狀，花冠邊為皺緣。 |
| 果型 | 長條形蒴果。 |

↑黃花風鈴木為掌狀複葉，具長葉柄對生枝條，小葉卵橢圓形，紙質。

→黃花風鈴木為落葉小喬木，主幹細直，枝幹輕柔，樹形呈散生狀。

↑黃花風鈴木為總狀花序，頂生於枝端，先葉而開花，小花簇生成團。

→黃花風鈴木的小花為鮮黃色，花形呈漏斗狀，花瓣邊具皺紋。

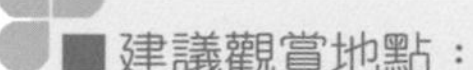

■建議觀賞地點：

嘉義市：世賢路一段、自由路、八德路。

臺南市：林森路。

高雄市：河西路。

↑黃花風鈴木的果實為長條形蒴果，初生為綠色，成熟落地為褐色，會開裂漏出帶薄膜的種子。

↑黃花風鈴木主幹細直，樹幹呈白灰色，平滑略有縱紋。

# 粉紅風鈴木 *Tabebuia rosea* DC. Bignoniaceae

| 科名：紫葳科 Bignoniaceae | 屬名：風鈴木屬 |
|---|---|
| 英文名：Tabebuia Pentaphylla | 別名：洋紅風鈴木 |
| 生育地：低海拔平原 | 原產地：熱帶美洲 |

葉序  花序  花期 春 夏 秋 冬 果型

粉紅風鈴木爲落葉喬木，主幹細長直立，枝幹斜上多分歧，樹皮呈白灰色，其上有斑點，表面平滑，樹冠呈圓傘形，高可達10公尺。春天在萌發新芽前，總狀花序先葉而開花，鐘形花瓣5裂，花邊皺摺狀，花色粉紅，花心則爲黃色；粉紅色花朵嬌豔的聚生，有如花球般的展現，讓植株滿布春花的氣息。

粉紅色花朵還未凋謝，掌狀複葉開始萌發，由5片小葉組成，小葉長橢圓形至闊卵形，具長葉柄，先端尖尾，基部圓形，葉面革質光亮，葉邊全緣，側脈明顯。粉紅花朵與翠綠葉片的搭配，形成春天美麗的景致；成排的粉紅風鈴木花季，是都會浪漫賞花的時刻。

粉紅風鈴木的果實爲長條形蒴果，初生時爲綠色，成熟時則爲褐色，老熟會掉落地面，外皮開裂露出帶薄膜的種子，種子質輕又有薄膜，容易隨風飄散，作爲傳播種子的方式。

粉紅風鈴木樹形不大，沒有遮蔭效果，但卻成爲春天賞花的主角，爲車行道上增添美麗的風情。

←粉紅風鈴木為落葉喬木，主幹細直，枝幹斜上分歧，樹冠呈圓傘形。

←粉紅風鈴木為掌狀複葉，小葉5片革質，具長葉柄，葉邊全緣。

↓粉紅風鈴木為總狀花序，頂生於枝端，開花時新葉尚未萌發。

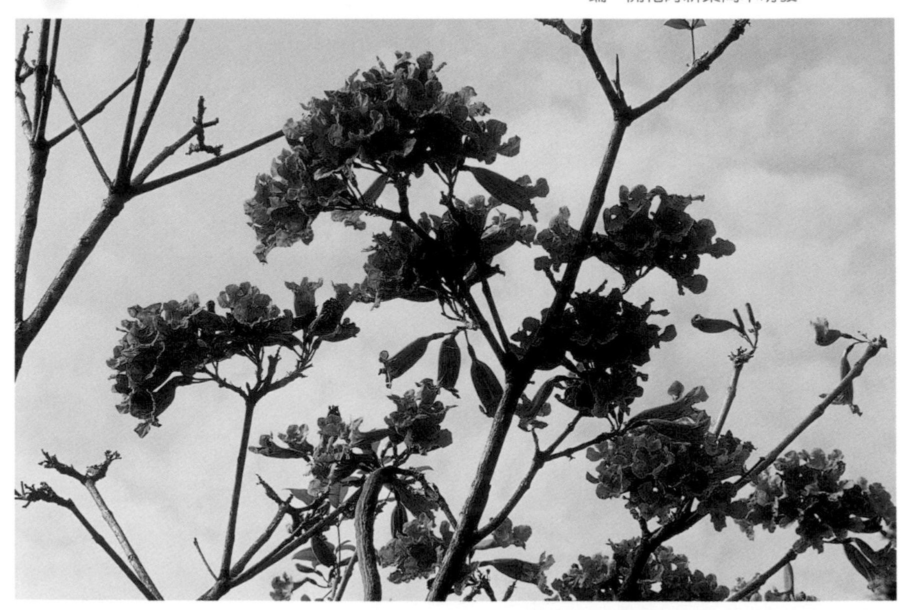

## 形|態|特|徵

**樹種** 落葉喬木，主幹細長直立，枝幹斜上多分歧，樹皮白灰色，具斑點，平滑，樹冠呈圓傘形，高可達10公尺。

**葉形** 掌狀複葉，小葉5片，具長柄，長橢圓形至闊卵形，革質，全緣。

**花序** 總狀花序，花冠鐘形，花邊皺摺，粉紅色。

**果型** 長條狀蒴果。

↑粉紅風鈴木花朵簇生，花形呈鐘形，花邊皺摺，花色呈粉紅色。

↑粉紅風鈴木開花後不久開始結果，形成綠色長條形果實與粉紅色花朵相配。

↑粉紅色風鈴木的果實為長條形蒴果，初生時為綠色，常一條條的高掛枝頭。

←粉紅風鈴木的樹皮呈白灰色，表面平滑，滿布斑點。

■建議觀賞地點：
臺中市：綠川沿岸。

# 猢猻木 *Adansonia digitata* Linn.

| 科名：木棉科 Bombacaceae | 屬名：猢猻木屬 |
| --- | --- |
| 英文名：Monkey-bread Tree | 別名：猴麵包樹 |
| 生育地：熱帶平原 | 原產地：熱帶非洲 |

葉序  花序  花期 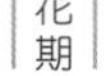     果型  

春 夏 秋 冬

→猢猻木樹形整齊，綠葉茂密，在行道路旁與人穩重之感。（高雄市：環潭路）

猢猻木爲落葉喬木，主幹直立粗壯，其基部膨大，有儲存水分的功能，樹皮光滑呈灰褐色，具白色皮孔，枝幹斜上伸展，小枝多分歧，樹冠呈圓形，高可達15公尺。春天萌發新芽，掌狀複葉互生枝條，小葉3～7片，長橢圓形，具長葉柄，葉邊全緣。

夏天綠葉開始茂盛，將原本光禿的枝椏塡滿，帶給行道旁濃密的綠意。此刻從綠葉中伸出長長的花軸，花軸下先是垂掛綠色的花苞，其形有如果實，不久花苞兩裂露出白色的兩性單生花。

猢猻木垂下的花朵，花形碩大，5枚花瓣平展呈白色，先端略爲反捲具波浪緣，雄蕊聚合成筒狀，先端絲裂有如毛絨球呈黃色；枯萎的花朵爲黃褐色，會宿存花軸上與後開的花朵並存，等到果實要發育時才掉落地面。

猢猻木的果實爲木質蒴果，爲褐色長條形，內含粉狀果肉，在非洲原野果熟期，常聚集大批猴子來採食果肉，故被稱爲「猴麵包樹」。

冬天的猢猻木會褪去所有的綠葉，只剩光禿枝椏伸向天際，也改變了行道上的景象，多樣的變化帶來不同視野。在非洲猢猻木因爲高大長壽以及堅強的生命力，被當地人尊爲生命之樹。

## 形態特徵

| | |
|---|---|
| 樹種 | 落葉喬木，主幹粗壯直立，基部膨大，樹皮呈灰褐色，具白色皮孔，枝幹斜上伸展，小枝多分歧，樹冠呈圓形，高可達15公尺。 |
| 葉形 | 掌狀複葉，互生，小葉3～7片，長橢圓形，具長葉柄，全緣。 |
| 花序 | 單生花下垂，花瓣白色，具長花柄，花苞綠色，雄蕊成筒，先端絲裂。 |
| 果型 | 木質蒴果，長條形。 |

→猢猻木為掌狀複葉，小葉3～7片，為長橢圓形，葉邊全緣，複葉具長葉柄。

↑ 猢猻木於夏季開花，細長的花軸由葉腋處下垂，先為綠色花苞，次為白色開花，再為褐色花謝。

← 猢猻木為單生花，5枚白色花瓣平展，先端反捲有波浪緣，雄蕊聚合成筒狀，先端絲裂成球狀為黃色，花形碩大奇特。

↓ 猢猻木為長條形木質蒴果，一條條高掛枝頭，在非洲為猴子的最愛。

←猢猻木的果實由長長的果柄垂下，長條形蒴果為褐色，成熟時會掉落地面。

↑猢猻木為落葉喬木，秋冬時植株只剩光禿枝椏，形成線條的蒼涼美感。

→猢猻木的樹幹為灰褐色，有葉痕及白色皮孔，粗壯挺直基部膨大，有儲水的功能。

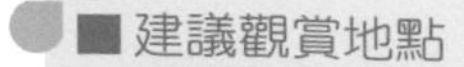

■建議觀賞地點：
臺北市：大度路三段、建國北路三段。
高雄市：環潭路。

# 木棉 *Bombax malabarica* DC.

| 科名：木棉科 Bombacaceae | 屬名：木棉屬 |
|---|---|
| 英文名：Cotton Tree | 別名：斑芝樹、攀枝花 |
| 生育地：熱帶平原 | 原產地：印度 |

葉序  花序  花期     果型  

陰霾濕冷的冬天，在春雷響徹雲霄，陽光開始展露溫暖後，樹木的新葉從冬藏中展現生命的契機。然而在大片的新綠中，高大的木棉卻在新葉之先，開出滿樹的嬌花；木棉花是碩大的橙紅色，叢生於光禿的枝椏上，5片花瓣呈杯狀盛有花蜜，常吸引綠繡眼來採食。

開花的木棉樹排列在行道間，形成初春都會中美麗的花海，用遠眺的目光仰望，橙紅色花朵搭配光禿的枝條，以藍天爲背景，有如欣賞一幅自然的油畫。

↓鮮豔的木棉花為春天帶來色彩的變化，也柔化了都市中的水泥建築。

花開花落是木棉新葉成長的時期，此時正是酷熱夏日，透過陽光的逆照，掌狀複葉呈現嫩綠的清新，而果實開始成熟旋即裂開，黑色種子帶著白色棉絮，隨著夏日微風到處飛散，有如下雪般的鋪陳大地一片，不過棉絮對氣喘者會有些影響，可要小心避開。

秋風吹起，木棉樹的綠蔭濃鬱，葉片搖曳生姿，由路頭望去是行車的巨大屏障，帶出不同的都會風情。

木棉樹在東北季風中開始落葉，掌狀複葉逐漸變黃，次第萎落，最終只剩光禿的枝條，然而這卻是生命另一個輝煌前的冬藏。

## 形｜態｜特｜徵

**樹種** 落葉喬木，主幹直立有凸起稜角，枝條輪生，四方展開呈傘型，高約10公尺。

**葉形** 掌狀複葉，小葉闊卵形，全緣。

**花序** 單生或叢生花，花色橙紅，花瓣5片，為兩性花。

**果型** 橢圓形蒴果，胞背5片，成熟時裂開，裂瓣甚少掉落。種子藏於殼內，包裹在絨毛中，成熟時帶著絲絮飛舞。

↓木棉樹的葉子為掌狀複葉，小葉闊卵形，葉邊全緣，冬季由綠變黃而落光。

↑木棉花於綠葉萌發之前開出，整個枝頭都是碩大的橙紅色花朵。

↑木棉花花蜜豐富，常吸引綠繡眼的採食，讓美麗的花叢也有清脆的鳥鳴來應和。

→木棉花為單生花，雌雄同株，5片花瓣碩大，花色豔麗。

↑夏、秋之際，木棉的果實成熟，為橢圓形蒴果，外表為黑色，具5片胞背片，成熟時開裂露出白色棉絮。

→成熟的蒴果掉落地面，露出帶有棉絮的黑色種子，會隨風飛去。

→木棉樹的樹幹為灰褐色，表面有許多凸起的稜角。

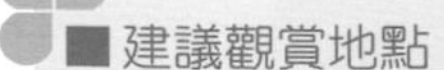

■建議觀賞地點：

臺北市：復興南路二段、仁愛路三段、忠孝東路三段。

新竹市：牛埔路、三民路。

臺中市：經國園道。

嘉義市：八德路。

高雄市：中華二路、民族一路、明華二路。

# 吉貝木棉 *Ceiba pentandra* Gaertn.

| 科名：木棉科 Bombacaceae | 屬名：吉貝屬 |
| --- | --- |
| 英文名：Silk Cotton Tree | 別名：吉貝、絲棉樹 |
| 生育地：熱帶平原 | 原產地：熱帶美洲、亞洲 |

葉序 | 花序 | 花期   春 夏 秋 冬 | 果型  

←吉貝木棉為落葉喬木，主幹直立，枝幹水平輪生，夏季綠葉茂盛，樹冠呈圓形波浪狀。（高雄市：河西一路）

↑ 吉貝木棉於春天萌發新芽，新芽開展成葉，幼葉常呈紅褐色，是春天賞紅葉的時機。

吉貝木棉爲落葉喬木，主幹直立粗壯，枝幹離地高處水平輪生，小枝斜上生長，新樹幹呈青綠色，其上多具刺瘤，老樹幹則呈灰褐色，刺瘤較疏到無，樹根有板根現象，樹冠呈圓形波浪狀，高可達25公尺。

春天萌發新芽，掌狀複葉頂生於枝條，線形托葉早落，由5～9片小葉組成，小葉紙質披針形，兩端銳形，主脈與葉柄呈紅色。夏天則枝葉茂盛，將植株滿布綠意。

秋天掌狀複葉由綠轉黃，在陽光下閃爍黃葉的透明，是吉貝木棉賞葉的時刻，不久開始落葉，落葉期也是開花期，單生花聚生枝頭，花形甚小，爲白色。

開花後的果實爲長橢圓形蒴果，初生時爲綠色，成熟則爲黃褐色，外皮開裂5瓣，露出帶棉毛的種子，棉毛滿布會隨風飄散，種子得以傳播。冬天的吉貝木棉常是光禿的枝椏，偶爾懸掛著成熟的蒴果，植株明顯呈現出季節的變化。

## 形｜態｜特｜徵

| | |
|---|---|
| 樹種 | 落葉喬木，主幹直立，枝幹離地高處水平輪生，新樹幹青綠色，多刺瘤，老樹幹灰褐色疏刺，有板根現象，樹冠呈圓形波浪狀，高可達25公尺。 |
| 葉形 | 掌狀複葉，頂生，小葉披針形，兩端銳角，主脈與葉柄呈紅色。 |
| 花序 | 單生花聚生，小花白色。 |
| 果型 | 長橢圓形蒴果，種子帶棉毛。 |

↓吉貝木棉掌狀複葉頂生於枝條，具細長紅色葉柄。

↓吉貝木棉的掌狀複葉，由5～9片小葉組成，小葉披針形，兩端銳角，主脈明顯。

→吉貝木棉於秋天開花，開花前綠葉先枯萎掉落，枯枝上則是點點白花。

↓吉貝木棉的果實常宿存枝頭，黃褐色蒴果與綠葉相間，是植株不同的風貌。

←吉貝木棉的長橢圓形蒴果，成熟為黃褐色。

←吉貝木棉落下的成熟蒴果會露出帶棉絮的黑色種子。

↑吉貝木棉主幹較老呈灰褐色，枝幹則年輕呈青綠色。

↑吉貝木棉樹幹具瘤刺，瘤刺較鈍且較疏少，也有板根現象。

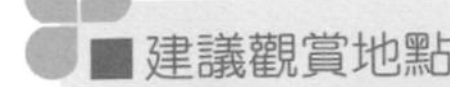

■建議觀賞地點：
高雄市：平等路、民生二路、四維二至四路、河西一路。

木棉科

# 美人樹 *Chorisia speciosa* St. Hil.

科名：木棉科 Bombacaceae
英文名：Floss-silk Tree
生育地：熱帶平原

屬名：美人樹屬
別名：美人櫻、酒瓶木棉
原產地：巴西、阿根廷

葉序  花序  花期 春 夏 秋 冬 果型 

美人樹爲落葉喬木，主幹直立，基部略爲肥大，故又稱爲「酒瓶木棉」，樹幹呈灰綠色，具有疏落的瘤刺，枝幹斜上水平輪生，樹冠呈傘狀，高可達15公尺。春天萌發新芽，掌狀複葉由5～7枚小葉組成，小葉長橢圓披針形，葉邊具細鋸齒緣，新葉呈翠綠色。

夏天綠葉茂盛，掌狀複葉由葉柄撐起，有如一把把小傘，在樹梢上迎風而立，整個植株綠意盎然，列植在行道旁，成爲遮蔭的大傘。

秋天有些葉子開始枯黃凋謝，此時總狀花序開始綻放美麗花朵，碩大的花形爲紫粉紅色，將植株妝點華麗的顏色，花瓣5深裂，中央白色帶有紫色斑紋，雄蕊癒合成筒狀且突出花瓣外。有時綠葉掉盡，花朵盛開，植株被紫粉紅色填滿，展現出最嬌豔動人的美景。

↓美人樹春、夏季綠意滿布，掌狀複葉茂盛，常隨風搖曳，帶來清爽的感受。

闊葉樹

↑美人樹為落葉喬木，主幹直立，枝幹斜上輪生，小枝多分歧，樹冠呈傘狀，於落葉後開花。

冬天葉片枯萎凋零，植株只剩枝椏，形成另類的行道樹，果實於此刻發育，橢圓形蒴果高掛枝頭，初爲綠色，成熟則爲褐色，老熟時外皮開裂，一團團棉絮露出，黑色種子隱藏其間。

## 形｜態｜特｜徵

| | |
|---|---|
| 樹種 | 落葉喬木，主幹直立，基部略為肥大，樹幹呈灰綠色，具疏瘤刺，枝幹斜上水平輪生，樹冠為傘狀，高可達15公尺。 |
| 葉形 | 掌狀複葉，小葉5～7枚，長橢圓披針形，細鋸齒緣。 |
| 花序 | 總狀花序腋生，小花紫粉紅色，花瓣5裂，雄蕊筒狀，中為白色帶有紫斑。 |
| 果型 | 橢圓形蒴果，成熟開裂，露出帶絮毛種子。 |

←美人樹為掌狀複葉，小葉5～7片，長橢圓披針形，先端尖尾狀。

↑美人樹於秋季開花，紫粉紅色的花朵滿布植株。

→美人樹為總狀花序，其花形碩大，花瓣5深裂，呈紫粉紅色，中央白色帶斑紋，雄蕊筒狀伸出花瓣。

→冬季美人樹只剩枯枝，以及懸掛枝頭的橢圓形蒴果，蒴果成熟開裂，露出帶棉絮的種子。

←美人樹的果實初生時為灰綠色。

↑美人樹的樹幹外皮呈灰綠色，具明顯刺瘤，表面有縱紋。

■建議觀賞地點：

臺北市：市民大道五段、木柵路一段。

臺中市：文心路、大興街。

高雄市：天祥二路、沿海一路、河西路。

←美人樹樹幹直立，老幹上刺瘤尖銳，呈灰黑色，碰上會被刺傷。

# 馬拉巴栗 *Pachira macrocarpa* (Cham. & Schl.) Schl.

| 科名：木棉科 Bombacaceae | 屬名：馬拉巴栗屬 |
|---|---|
| 英文名：Pachira-nut | 別名：大果木棉、南洋土豆、美國花生 |
| 生育地：熱帶平原 | 原產地：熱帶美洲 |

葉序  花序 花期  果型 

春 夏 秋 冬

馬拉巴栗爲常綠喬木，主幹直立，基部肥大，樹皮初爲綠色，長大則爲灰色，側枝作環狀輪生，向四周延伸，樹冠呈傘狀，高可達10公尺。春天萌發新芽，掌狀複葉由枝端生出，5～7片小葉輪生，並具有長葉柄，小葉長橢圓形，葉面光滑，中肋明顯，葉邊全緣。

春天也是開花時節，綠色長花苞由腋處生出，開花時花苞反捲，絲狀花瓣綻放，爲單生花，花形頗大爲白色花，雄蕊聚集成筒。絲狀花瓣線形像煙火般放射，爲綠色植株妝點出熱情的風采。

↓馬拉巴栗枝條環狀輪生，葉片碩大明顯，樹形層層分明。

↑馬拉巴栗為常綠喬木，植株不甚高大。

→馬拉巴栗為掌狀複葉由枝端生出，小葉5～7片輪生，中肋主脈明顯呈黃色。

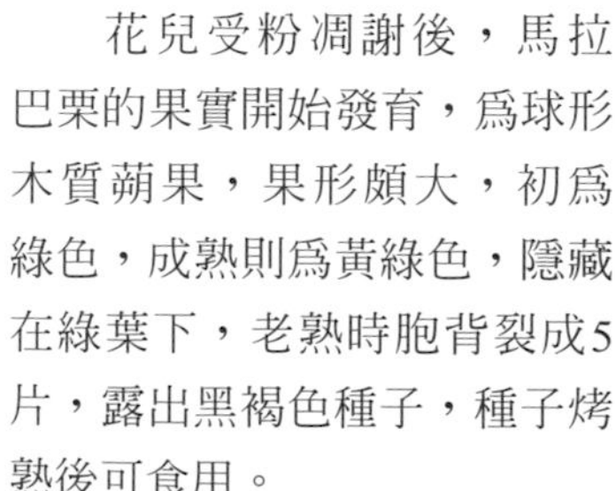

花兒受粉凋謝後，馬拉巴栗的果實開始發育，爲球形木質蒴果，果形頗大，初爲綠色，成熟則爲黃綠色，隱藏在綠葉下，老熟時胞背裂成5片，露出黑褐色種子，種子烤熟後可食用。

馬拉巴栗生長強健，耐旱、耐陰、耐塵，多被種植爲盆栽作爲住家的綠化植物，如果當作行道樹大都是在較小型的路邊。

## 形｜態｜特｜徵

**樹種** 常綠喬木，主幹直立，基部肥大，側枝環狀輪生，樹皮初為綠色，老皮則為灰色，樹冠呈傘狀，高可達10公尺。

**葉形** 掌狀複葉，小葉5～7片，具長柄，為長橢圓形，葉邊全綠。

**花序** 單生花，具綠色長花苞，花白色，花瓣絲狀，雄蕊聚集成筒狀。

**果型** 球形蒴果。

→馬拉巴栗的開花期，先伸出綠色長條花苞，開花時花苞會開裂反捲。

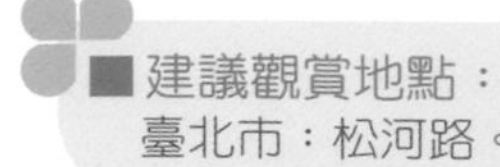

■建議觀賞地點：
臺北市：松河路。

↓馬拉巴栗春天開花，單生花具長花苞，白色花瓣絲狀四散，雄蕊集合成筒狀。

↑馬拉巴栗的果實為球形蒴果，初為綠色，成熟則為黃綠色，其黑色種子烤熟後可食用。

↑馬拉巴栗主幹直立，基部肥大，樹皮平滑，初為灰綠色，老樹皮則為灰色。

# 木麻黃 *Casuarina equisetfolia* L.

| 科名：木麻黃科 Casuarinaceae | 屬名：木麻黃屬 |
| --- | --- |
| 英文名：Polyesian Iron Wood | 別名：番麻黃 |
| 生育地：熱帶平原及海岸邊 | 原產地：澳洲、馬來西亞、印度、緬甸 |

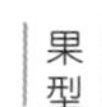

葉序 花序 花期 果型

春 夏 秋 冬

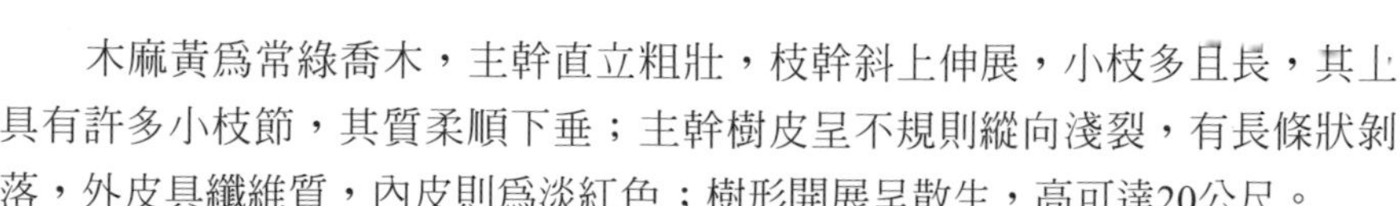

木麻黃爲常綠喬木，主幹直立粗壯，枝幹斜上伸展，小枝多且長，其上具有許多小枝節，其質柔順下垂；主幹樹皮呈不規則縱向淺裂，有長條狀剝落，外皮具纖維質，內皮則爲淡紅色；樹形開展呈散生，高可達20公尺。

春天新芽萌生，但是幾乎不見，原來葉片退化成鞘狀齒裂，並且圍繞在小枝節上；小枝節爲針狀呈綠色，大量滿布植株，讓人以爲木麻黃是針葉植物，而小枝節是爲針葉，其實不然，兩段小枝節的結合處，才可看見鞘狀齒裂的眞正葉子。

春天也是木麻黃的花季，爲單性花，雌雄同株異花，雄花序爲穗狀，小花黃色，著生於小枝節的先端；雌花序爲頭狀，呈綠色，著生於小枝間。

↓ 木麻黃早年當作海邊防風林，其樹形高大易於栽種。

↑木麻黃春天萌發新芽，新芽不明顯，針狀的則是小枝，小枝柔軟為翠綠色，有如針葉，讓木麻黃看起來像是針葉植物。

→木麻黃的真葉在小枝節脫落時才易發現。

## 形｜態｜特｜徵

**樹種** 常綠喬木，主幹直立粗壯，枝幹斜上伸展，小枝多且長，柔順下垂，樹形開展呈散生，高可達20公尺。

**葉形** 葉退化成鞘狀齒裂。

**花序** 雌雄同株異花。雄花為穗狀花序，小花黃色，生於小枝端；雌花為頭狀花序，小花綠色，生於小枝間。

**果型** 外如蒴果內為帶翅瘦果，集生成毬果狀果序。

夏季以後小枝節生長茂密，加上枝幹斜生開展，讓植株形成大樹般的壯麗；此時果實開始發育，初爲綠色，成熟時則爲黃褐色，果實卵狀有如毬果，實則爲成熟時小苞片裂開如蒴果，及露出具翅果狀的瘦果。

木麻黃爲陽性樹種，耐鹼、耐潮濕、耐乾，除了作爲行道樹外，早年大都栽植在海邊當作防風的樹種，成爲大片的防風林。

↓ 木麻黃為雌雄異株，雄花穗狀花序，頂生於小枝端，黃色花非常迷你，一般不易發現。

↑ 木麻黃的果實為蒴果，為集生成球狀果序，初為綠色，成熟為黃褐色，老熟則為黑色，內含帶翅膀的瘦果。

↑ 木麻黃的真葉退化成鞘齒狀，圍繞在小枝節上，微距時方可觀察到。

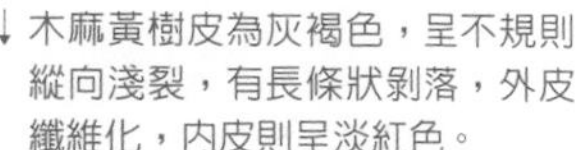

↓ 木麻黃樹皮為灰褐色，呈不規則縱向淺裂，有長條狀剝落，外皮纖維化，內皮則呈淡紅色。

建議觀賞地點：

臺北市：福林路。

高雄市：自立一路、新莊仔路、鼓山三路。

彰化縣：二林鄉二溪路(143縣道35K)。

屏東市：中正路。

臺東縣：臺九線鹿野永德至武陵段(綠色隧道)。

# 瓊崖海棠 *Calophyllum inophyllum* L.

| | |
|---|---|
| 科名：藤黃科 Clusiaceae | 屬名：瓊崖海棠樹屬 |
| 英文名：Indiapoon Beautyleaf | 別名：紅厚殼 |
| 生育地：恆春半島海岸 | 原產地：臺灣原生，亦分布南洋、澳洲、太平洋諸島 |

葉序  花序  花期 春 夏 秋 冬   果型 

瓊崖海棠爲常綠喬木，主幹直立粗壯，枝幹斜生擴展，幼枝披褐色絨毛，樹皮爲灰褐色，平滑厚實，富含樹脂，觸摸時有黏性。樹冠呈波浪圓形，樹高可達15公尺，側枝發達綠葉濃鬱，常在車行道路兩旁形成遮天的綠色隧道。

春天萌發新芽，單葉對生於枝條，橢圓形葉面爲厚革質狀，具葉柄，葉尖圓形略凹，葉基楔形，葉邊全緣，葉面光滑，中肋粗大，在葉背處隆起。春季的新葉呈翠綠色，當有陽光灑下葉片，讓植株顯出生動活潑的一面。

↓瓊崖海棠蒼勁的枝幹在綠葉陪襯下，成為行道樹的重點，也是車行其間的遮蔭。（花蓮市：明禮路）

↓ 瓊崖海棠屹立經年，粗壯的主幹成為老樹依然生長良好，綠意盎然的展現生命力。

↑ 瓊崖海棠側枝發達，向四周橫生，植株樹形呈波浪圓形。

→ 瓊崖海棠為單生葉，對生於枝條，具葉柄呈橢圓形，葉面厚革質光滑，中肋明顯。

總狀花序於夏天開出，腋生於枝葉間，具花軸及花梗，白色小花有香味，萼片反捲，雄蕊多數並結合成束，黃色花藥明顯呈現，讓白素的花朵點綴出熱鬧的黃彩。花序在綠葉中相間，讓粗壯的植株也有淡雅嬌柔的一面。

花開花落的秋天，果實開始發育，球形核果懸掛長柄下，初爲綠色，深秋果熟，則呈帶紫綠色，此時植株依然常綠，只是季節的花期、果期隨生長而變化，若是仔細觀察定可一窺究竟。

## 形｜態｜特｜徵

**樹種** 常綠喬木，主幹直立，枝幹斜生開展，樹冠為波浪狀圓形，高可達15公尺。

**葉形** 單葉對生，厚革質，橢圓形，具葉柄，葉尖圓形略凹，葉基楔形，葉邊全緣。

**花序** 總狀花序，具花軸，小花白色，具香味。

**果型** 球形核果。

↑瓊崖海棠夏季開花，總狀花序於葉腋處生出，花序滿布植株，相間在綠葉中，是植株美麗的時刻。

→瓊崖海棠花序中小花繁多呈白色，黃色花藥明顯展現，將花朵妝點顏色，小花還具有香氣。

↓瓊崖海棠為球形核果，懸掛在長果柄上，初為綠色，成熟則為紫綠色。

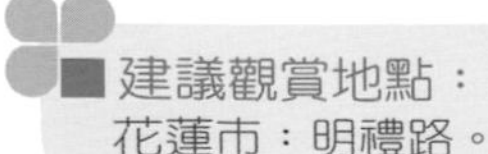

建議觀賞地點：花蓮市：明禮路。

→瓊崖海棠樹幹粗壯，樹皮成長為黑褐色，有不規則塊狀裂紋，外形表現有蒼勁之感。

# 福木 *Garcinia multiflora* Champ.

| | |
|---|---|
| 科名：藤黃科 Clusiaceae | 屬名：藤黃屬 |
| 英文名：Common Garcinia | 別名：福樹 |
| 生育地：熱帶平原 | 原產地：臺灣蘭嶼及綠島有野生分布。亦分布於菲律賓 |

葉序   花序   花期    果型  

春 夏 秋 冬

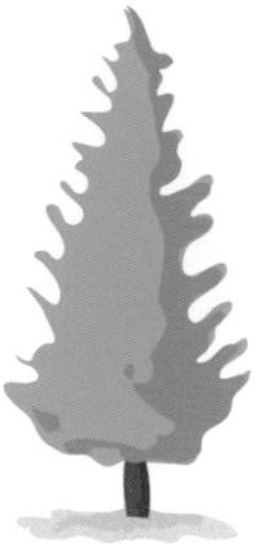

←福木為常綠喬木，主幹粗短，枝幹斜上生長，枝葉茂密將植株遮蔽，樹形呈圓錐塔狀。

↑福木的葉子為單生葉，對生於枝條，呈長橢圓形，先端圓滑，厚質堅實，深綠色。

↓春末夏初時，福木開出黃色小花，小花相間在綠葉中，讓植株展現開花的清雅。

福木爲常綠喬木，主幹短粗，樹皮黑褐色，枝幹於近地面處斜上生長，小枝頗多且分歧，因枝葉茂密，遮蔽主幹，樹形呈圓錐塔狀，高可達10公尺，於行道旁一尊尊的聳立，頗有莊嚴之姿。

春天萌發新芽，長成的新葉爲翠綠色，長橢圓形單葉，厚實堅硬，對生於枝端，點綴在老葉的深綠間，能夠彰顯植株的生動。隨著新葉、綠色花苞冒出枝間，穗狀花序開出美麗的黃色花朵，小花滿布枝間，將綠色植株妝點色彩的變化，蜜蜂們也忙著訪花採蜜，好不熱鬧。

福木的果實爲漿果呈扁圓形，初爲綠色，成熟時爲黃色並帶有臭味，不過果實纍纍，也增添植株的觀賞價值。

福木樹性極強，樹姿整齊，雖生長緩慢，但抗風、抗旱，可作防風、防潮、避音的樹種，當作行道樹是較優的選擇。

## 形｜態｜特｜徵

| | |
|---|---|
| 樹種 | 常綠喬木，主幹短粗，枝幹斜上生長，小枝多且分歧，樹形呈圓錐塔狀，高可達10公尺。 |
| 葉形 | 單葉對生，長橢圓形，深綠色。 |
| 花序 | 穗狀花序，小花黃色。 |
| 果型 | 漿果，扁圓形。 |

↑福木為穗狀花序，小花繁多呈黃色，花瓣苞狀，妝點在枝椏間，清新可愛。

↑福木的果實為扁圓形漿果，結實纍纍掛在枝頭，初為綠色，成熟則為黃橙色，外形似橘子，但是具臭味不可食。

←福木樹幹呈灰黑色，主幹粗短，老幹有不規則的結點。

建議觀賞地點：

臺北市：新明路、建國南路二段。

嘉義市：中興路。

屏東市：民生路、永福路、自由路。

# 欖仁 *Terminalia catappa* L.

| 科名：使君子科 Combretaceae | 屬名：欖仁樹屬 |
| --- | --- |
| 英文名：Indian Almond | 別名：枇杷樹、雨傘樹 |
| 生育地：熱帶濱海地區 | 原產地：亞洲熱帶，臺灣原產於恆春及蘭嶼 |

葉序 ｜ 花序 ｜ 花期    ｜ 果型 

欖仁最讓人印象深刻的是它的倒卵形葉片，單葉大又叢生於枝端，尤其冬天冷風吹過，換妝一樹的紅葉，在藍天的陽光下特別豔麗，排列在行車道旁成為冬季都市難得的紅葉美景。

一季的紅葉旋而枯萎，淒美的灑落一地，枯老中還殘留些許紅色，蹲下撿拾才發現欖仁的葉面極為光滑，捧在手中還正感傷生命的凋謝，抬頭就發現落葉後不久，小枝上即萌生新芽，鮮綠中啓動了生命的旋律，讓植株極富季節的變化。

↓ 欖仁列植於行道旁，其水平伸展的枝條形成綠色天幕，穿梭其間甚感清爽。（宜蘭縣：羅東運動公園）

↓ 欖仁於春天萌發新芽，翠綠色的嫩葉在陽光下展現亮麗的身影。

春天欖仁新綠的葉片紛紛竄出，將枯枝填充春的氣息，在葉腋處細長的穗狀花序，長滿白色小花，小花爲雌雄同株異花，雄花著生於頂端，雌花則居其下而生，隱藏在綠葉間不甚明顯，倒是許多螞蟻穿梭不停，花粉就藉此傳送出去。

夏、秋兩季枝葉茂盛，植株完整，深秋時部分葉子開始變紅，形成紅綠一樹的景象。欖仁的果期可延至深秋，果實爲核果，側邊具有龍骨狀突起，成長時爲綠色，轉熟時則爲紅褐色，老熟掉落後能浮於海面，藉海水漂流來傳播，這也是欖仁原生於濱海的緣故。

### 形｜態｜特｜徵

**樹種** 落葉喬木，枝幹水平輪生，樹冠呈傘形，高約20公尺。

**葉形** 單葉叢生，倒卵形。

**花序** 穗狀花序，小花白色。

**果型** 扁橢圓形核果。

→倒卵形的欖仁葉片叢生於枝端，並且相互堆疊。

↑秋天的欖仁綠葉轉為紅葉，讓成排的植栽多一份色彩變化。

↑深紅色的葉片在藍天陪襯下，展現欖仁最迷人的色彩。

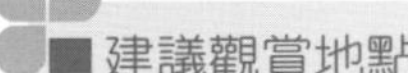

建議觀賞地點：

臺北市：環河南路三段。

高雄市：建國三路、中正四路、民權二路、民生二路。

←寬廣的葉片呈倒卵形，春夏季節為綠色，秋、冬則轉為紅色，是欖仁的特色。

↑欖仁為穗狀花序，小花白色，雌雄同株，常隱於綠葉中，有螞蟻前來採蜜傳粉。

→欖仁的果實為扁橢圓形核果，具明顯的龍骨狀凸起。

# 小葉欖仁樹 *Terminalia mantalyi* H. Perrier.

| 科名：使君子科 Combretaceae | 屬名：欖仁樹屬 |
| --- | --- |
| 別名：非洲欖仁 | |
| 生育地：熱帶平原 | 原產地：熱帶非洲 |

葉序  花序  花期  春 夏 秋 冬 果型 

小葉欖仁樹為落葉喬木，主幹纖細直立，枝幹於人高處以輪生方式向四方水平展開，小枝多且柔軟，樹皮灰褐色，光滑但滿布明顯皮孔。樹形依輪生枝幹層層生長，小葉滿布枝頭，樹冠呈圓錐狀，高可達20公尺。

春天萌發新芽，翠綠色的新芽將枯枝添上活潑的生命，其葉形嬌小為單生葉，常常4～5片叢生於小枝上；夏季綠葉濃密，常將行道遮蔽成綠色隧道，秋風吹起，小葉開始由綠轉黃，在陽光下形成一片耀眼黃葉，是植株展現季節變化的時刻，到了寒冬黃葉紛紛落下，只留枯枝等待來春的萌發。

↓ 春夏之際的小葉欖仁樹，新葉翠綠，樹形清新，將行道妝點活潑的生氣。（高雄市：明誠三路）

↑ 小葉欖仁樹的枝幹於高處輪生水平展開，層次分明的疊上。

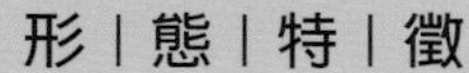

## 形｜態｜特｜徵

**樹種** 落葉喬木，主幹細直，枝幹輪生水平展開，小枝多柔軟，樹皮灰褐色，滿布皮孔，樹冠呈圓錐形，高可達20公尺。

**葉形** 單葉叢生枝端，倒卵形，葉形嬌小數量卻多。

**花序** 穗狀花序，小花黃綠色。

**果型** 橢圓形核果。

←小葉欖仁樹為單生葉，常叢生枝端，呈倒卵形，先端圓形略凹，葉基為截形。

小葉欖仁樹在新葉萌發不久，由葉腋處開出穗狀花序，小花繁多呈黃綠色，花序著生於葉下，抬頭即可觀看到，許多蜜蜂也都穿梭於花間取蜜，清風拂過，地面上鋪陳一地花朵，形成花道。

夏天於開花後則是果實發育期，橢圓形核果結串在枝間，初爲綠色，成熟則爲黑色。

小葉欖仁樹爲陽性樹種，生長良好，萌芽力強，非常適合作爲都市的行道樹，其四季外形多有變化，是觀賞樹木的最佳選擇。

←小葉欖仁樹於夏初開出穗狀花序，花序在綠葉中展
雖然嬌小但數量頗多。

↓小葉欖仁樹的穗狀花序從葉腋處生出，由樹下抬頭即可望之，小花黃綠色常受到蜜蜂的青睞。

↓小葉欖仁樹的核果漸次成長，由黃綠轉為深綠，成熟則為黑色。

←綠葉於深秋時轉為黃色，在陽光下閃爍金黃色的葉形。

↑小葉欖仁樹為落葉喬木，綠葉先轉為黃色，讓植株成為賞葉的時刻，不久葉片落光只剩枝椏。

↑樹幹細直，樹皮呈灰褐色，表面光滑，具多數條形皮孔。

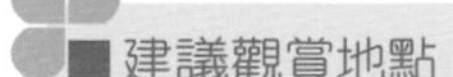

建議觀賞地點：

臺北市：莒光路、松江路。

新竹市：公道五路。

臺中市：工學南、北路、忠明南路、南平路、東光路、忠太西路、大興街。

嘉義市：新民路。

高雄市：十全三路、華夏路、中山四路。

屏東市：民學路、逢甲路、民族路。

# 第倫桃 *Dillenia indica* L.

| 科名：第倫桃科 Dilleniaceae | 屬名：第倫桃屬 |
| --- | --- |
| 英文名：India Dillenia | 別名：擬枇杷 |
| 生育地：熱帶平原 | 原產地：中國、印度、馬來西亞 |

葉序  花序  花期   春 夏 秋 冬  果型 

第倫桃爲常綠喬木，主幹直立，樹皮光滑呈紅褐色，枝幹斜上生長，小枝多且分歧，樹冠呈圓形，高達20公尺。植株原產熱帶，具有板根現象。春天萌發新芽，單生葉互生於枝條，葉形爲長橢圓披針形，葉邊鋸齒狀，平行側脈多且明顯，葉面光澤革質，葉背中肋披毛。

←第倫桃主幹細長直立，枝幹斜上生長，葉片明顯呈黃綠色，樹冠為圓形。

→第倫桃的大葉片呈長橢圓披針形，葉片透光明亮，平行脈特別明顯。

第倫桃的葉片碩大，顏色呈黃綠色具透光性，春、夏時枝葉茂盛，當陽光灑下，透過葉片展現葉脈的線條，讓植株明亮活潑了起來，也增添行道樹多樣的變化。

夏天第倫桃開出單生花，花柄由葉腋處生出，先由5枚綠色花萼包裹，看似綠色果實，不久花萼開裂，白色花瓣展開，為大形花朵，花瓣倒卵形具紋路，柱頭如菊花狀，雄蕊多位在柱頭下方。第倫桃的花朵下垂，又為大形萼片包覆，必須要在樹下仰望方可一窺清楚。

花開花謝第倫桃的花瓣落下，表示果實開始發育，其為圓形漿果，大萼片宿存，並將果實包覆，等果實成熟，綠色萼片會轉為黃綠色，脫落果柄掉在地面，內含腎臟形種子，數量很多，具有緣毛，隱於透明黏液的果肉中。

↑綠色花萼開裂，第倫桃的白色花瓣伸出，漸次開展花朵的魅力。

## 形｜態｜特｜徵

**樹種** 常綠喬木，主幹直立細長，樹皮光滑為紅褐色，枝幹斜生，具板根現象，樹冠呈圓形，高可達20公尺。

**葉形** 單生葉互生於枝條，長橢圓披針形，葉邊鋸齒狀，平行側脈多且明顯。

**花序** 單生花具柄，花瓣白色，花萼綠色肉質，柱頭如菊花般開展，雄蕊數多，在柱頭下方。

**果型** 圓形漿果，萼片宿存。

↑ 第倫桃果實碩大盛產，為圓形漿果，大萼片宿存，初為綠色，成熟則為黃綠色。

**建議觀賞地點：**
臺北市：建國北二段、塔悠街、大安森林公園。

↑ 第倫桃為單生花，具花柄與大花萼，白色花瓣易脫落，露出奇特的花心。

↑ 第倫桃的花朵開於葉下，仰頭可看清菊花狀的柱頭，數多的雄蕊圍著四周。

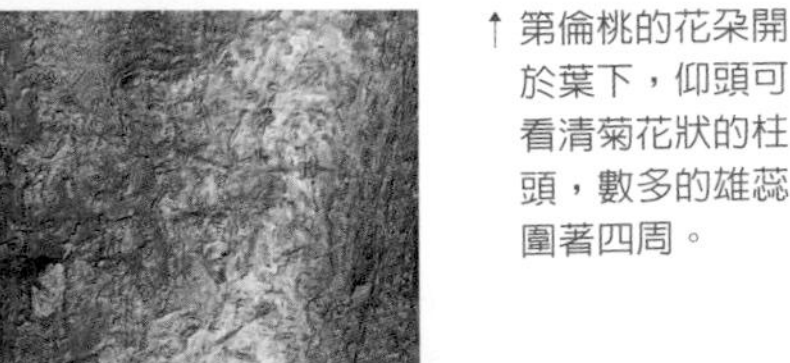

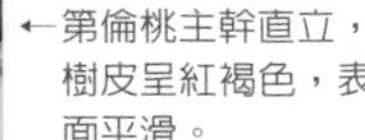

← 第倫桃主幹直立，樹皮呈紅褐色，表面平滑。

# 毛柿 *Diospyros philippensis* (Desr.) Gurke

| 科名：柿樹科 Ebenaceae | 屬名：柿樹屬 |
|---|---|
| 英文名：Taiwan Ebony | 別名：臺灣黑檀 |
| 生育地：臺灣恆春半島、綠島、蘭嶼之低海拔林間 | 原產地：臺灣原生，亦分布於菲律賓 |

毛柿爲常綠喬木，主幹直立，枝幹斜生，樹冠呈圓形，高可達20公尺。樹皮黑褐色，具縱裂紋，全株披被黃褐色的絨毛，其木材爲珍貴家具木料，因心材部分爲黑色，故稱之爲「臺灣黑檀」。

春天是新芽的萌發期，爲單葉互生於枝條上，具披毛粗壯的葉柄，呈長橢圓形，爲革質狀，葉尖爲銳形，葉基爲圓形，葉邊爲全緣或波浪緣，葉面暗綠色，葉下則爲黃綠色，並披被絨毛，中肋明顯凹下，於背面隆起。

初夏時節，聚繖花序腋生於葉叢下，爲雌雄異株，小花黃白色，花冠裂片反捲呈壺形，具小花梗，花萼4深裂，花冠、花梗、花萼都披被絨毛。因爲花兒嬌小且爲綠葉遮蔽，故開花期並不醒目，要等到果實發育成熟方得一窺植株的風采。

↓ 毛柿為常綠喬木，主幹細長直立，樹冠呈圓形。

柿樹科

## 形｜態｜特｜徵

**樹種** 常綠喬木，主幹直立，枝幹斜生，樹冠呈圓形，高可達20公尺。

**葉形** 單葉互生，革質，長橢圓形，葉尖銳形，葉基圓形，葉邊全緣或波浪緣。

**花序** 雌雄異株，聚繖花序，小花黃白色。

**果型** 漿果，扁球形，表面披絨毛，初為綠色，成熟為黃褐色。

扁球形漿果發育於夏末，初爲綠色，等到秋天成熟時，則爲黃褐色；果實基部宿存四裂花萼，頭部宿存柱頭，又因果實表面密披長絨毛，故稱之爲毛柿。當陽光照射植株，成熟的毛柿散發亮麗的黃褐色，是植株最具風采的時刻。

→毛柿的樹葉為單葉長橢圓形，互生於枝條成兩列，中肋明顯於背面隆起，有波浪緣。

↓毛柿於初夏開出聚繖花序，腋生於葉下較不易觀察，只見葉間隱現些小白花。

闊葉樹

↓毛柿的小花聚生於枝端葉腋處，小花黃白色，花冠反捲呈壺形，若不仔細觀察是無法窺視的。

↑毛柿的花朵小巧，但是卻能結實纍纍，黃褐色的果實發亮，點綴在綠葉中有豐收的驚喜。

←毛柿的果實為扁球形漿果，表面披被絨毛，初生為綠色，成熟則為黃褐色，熟果可食用。

→毛柿樹皮呈黑褐色，有縱裂紋，質硬，為珍貴木材，稱之為臺灣黑檀木。

建議觀賞地點：
高雄市：河西路。
屏東市：中山路、復興南路。

# 錫蘭橄欖 *Elaeocarpus serratus* L.

| | |
|---|---|
| 科名：杜英科 Elaeocarpaceae | 屬名：杜英屬(膽八樹屬) |
| 英文名：Ceylon Olive | 別名：鋸葉杜英 |
| 生育地：熱帶平原 | 原產地：錫蘭 |

葉序  花序  花期 春 夏 秋 冬  果型 

錫蘭橄欖為常綠喬木，主幹粗壯直立，枝幹斜上生長，小枝多且分歧，樹皮呈灰色表面光滑，老幹則有不規則裂紋，樹冠呈不規則圓形，高可達15公尺。春天萌發新芽，單葉互生枝條，新葉赤色帶絨毛，長橢圓形，具長柄，葉柄兩端膨大呈扁擔形，葉的先端尖形，葉基圓形，葉面光滑紙質，葉邊為疏鋸齒緣，中肋及側脈於葉背隆起，老葉呈紅色。

錫蘭橄欖的新葉帶赤色，在春天萌發時，將綠色植株點綴出不同色彩的變化，而老葉亦呈紅色，相間在萬綠中讓人有注目的焦點。

夏季開出總狀花序，長花序軸腋生，花蕾繁多，次第開出白花，花瓣5枚，先端絲狀裂片，雄蕊數多，具萼片，花盤腺體狀，有香氣。小白花隱藏在綠葉中，還好花序頗長，在葉間即可觀賞絲狀花形。

↓ 錫蘭橄欖主幹直立，枝幹斜上，小枝多分歧，樹冠呈不規則圓形。（臺北市：和平東路二段）

橢圓形核果於開花後發育，形如橄欖，外果皮暗綠色，內果肉淡綠色，雖然可食，但沒有眞正的橄欖來得可口。

## 形｜態｜特｜徵

**樹種** 常綠喬木，主幹粗壯直立，枝幹斜上生長，小枝多且分歧，樹皮灰色，幼幹光滑，老幹不規則裂紋，樹冠呈不規則圓形，高可達15公尺。

**葉形** 單葉互生，長橢圓形，具長葉柄，先端尖形，葉基圓形，葉面光滑紙質，葉邊疏鋸齒緣，老葉呈紅色。

**花序** 總狀花序，小花白色，花瓣先端絲狀裂片，雄蕊數多。

**果型** 橢圓形核果。

↑ 錫蘭橄欖為常綠喬木，但老葉脫落前由綠色轉為紅色，常在萬綠中出現一點紅。

↑ 錫蘭橄欖為單生葉，互生枝條，呈長橢圓形，具葉柄，葉邊疏鋸齒緣。

↓ 錫蘭橄欖為總狀花序，花苞黃綠色。

←錫蘭橄欖小花為白色，花瓣先端呈絲狀頗為奇特，在花軸上呈花串般展現。

↑錫蘭橄欖開花後結出果實，綠色核果也是滿布植株，結實纍纍充滿豐收感。

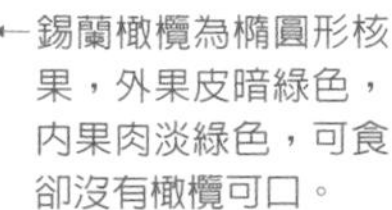

←錫蘭橄欖為橢圓形核果，外果皮暗綠色，內果肉淡綠色，可食卻沒有橄欖可口。

←錫蘭橄欖的樹幹呈灰色，具不規則裂紋，幼枝則為光滑狀。

■建議觀賞地點：
臺北市：和平東路二段。
臺中市：育德路。

# 杜英 *Elaeocarpus sylvestris* (Lour.) Poir.

| 科名：杜英科 Elaeocarpaceae | 屬名：杜英屬(膽八樹屬) |
|---|---|
| 英文名：Elaeocarpus | 別名：杜鶯 |
| 生育地：低海拔闊葉林中 | 原產地：臺灣原生，亦分布華南、琉球、日本 |

葉序  花序  花期 春 夏 秋 冬 果型 

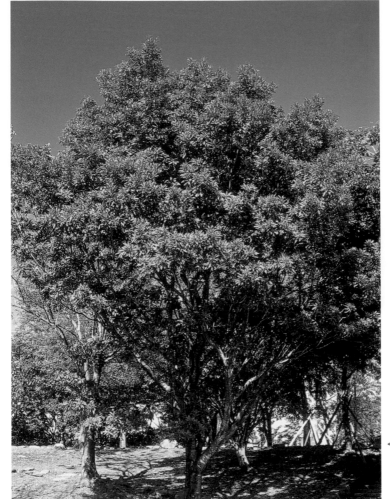

←杜英樹形直立，樹冠傘形，生長強健，綠葉茂密，栽種容易。（宜蘭縣：羅東運動公園）

杜英科

闊葉樹

杜英科

　　杜英爲常綠喬木，主幹直立，樹皮平滑呈灰褐色，枝幹斜生，小枝披毛，樹冠呈傘形，高可達20公尺。春天萌發新芽，單葉互生於枝條，大多叢生於枝端，具葉柄，爲倒披針形，先端漸尖，葉基楔形，葉面爲暗綠色，葉背灰綠色，葉邊爲疏鈍鋸齒狀。

　　初夏開始從葉腋處伸出總狀花序，小花繁多次第排列，具小花梗，花萼邊緣披毛，花瓣上部成絲狀，雄蕊花藥爲線形，雌蕊花柱細長，整個小花看似爲絲狀花頗爲特殊。花序生長在葉叢下，從植株表面是不易觀察到的，反而走入植株下則可一窺花序的嬌美。

　　一季的花朵凋零，果實開始發育，卵形核果藏身在葉叢中，同樣的綠色幾乎看不眞切，等到秋天成熟後，暗綠色的核果才略見蹤影。

　　雖然杜英爲常綠喬木，但冬季的寒意還是會催化部分的葉片，由綠葉轉變成紅葉，並於掉落前相間在萬綠中，帶給植株不同的面貌，也算是優美的紅葉植物。

←杜英為單葉互生於枝頭，新葉翠綠色，叢生於枝端，為倒披針形，葉邊為疏鋸齒狀。

## 形｜態｜特｜徵

| | |
|---|---|
| 樹種 | 常綠喬木，主幹直立，樹冠傘形，高可達20公尺。 |
| 葉形 | 單葉互生，倒披針形，先端漸尖，葉基楔形，葉邊疏鈍鋸齒緣。 |
| 花序 | 總狀花序，小花白色，萼片緣被毛，花瓣上部呈絲狀，花藥線形。 |
| 果型 | 核果，卵形，綠色。 |

闊葉樹

→冬天的杜英紅綠葉相間，帶給植株不同的風貌。

←杜英部分葉片在冬季會由綠色催化轉紅，形成紅葉植物。

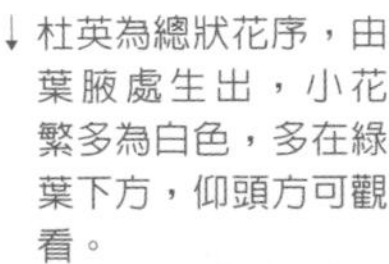

↓杜英為總狀花序，由葉腋處生出，小花繁多為白色，多在綠葉下方，仰頭方可觀看。

←杜英的小花次第排列，花萼邊緣披毛，花瓣上方為絲狀，有如絲狀花，頗為特殊。

↓杜英的果實為卵形核果，初為綠色，成熟則為暗綠色，隱藏於綠葉中較不顯眼。

←杜英的樹幹直立，樹皮呈灰褐色，表面平滑。

建議觀賞地點：

臺北市：經貿二路、至誠路二段、松仁路。

臺中市：五權西四街。

高雄市：大中二路。

# 油桐 *Aleurites fordii* Hemsl.

| | |
|---|---|
| 科名：大戟科 Euphorbiaceae | 屬名：油桐屬 |
| 英文名：Wood Oil Tree | 別名：千年桐、皺桐、廣東油桐 |
| 生育地：低海拔山麓地 | 原產地：華南 |

葉序 | 花序 | 花期  | 果型 

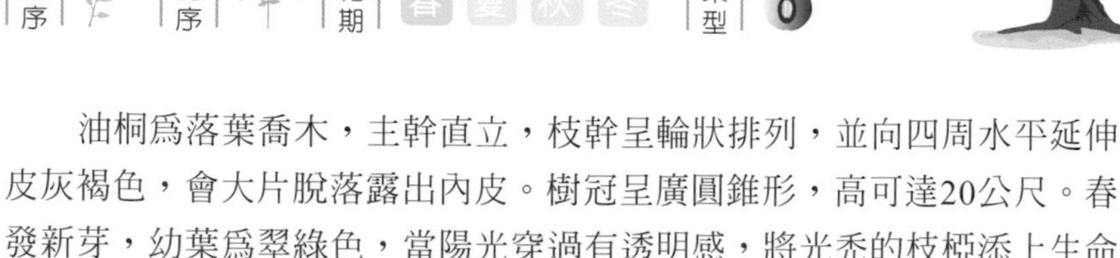

油桐爲落葉喬木，主幹直立，枝幹呈輪狀排列，並向四周水平延伸，樹皮灰褐色，會大片脫落露出內皮。樹冠呈廣圓錐形，高可達20公尺。春天萌發新芽，幼葉爲翠綠色，當陽光穿過有透明感，將光禿的枝椏添上生命的律動。葉片呈闊心臟形，葉緣有3～5深裂，具有葉柄，葉基與柄交會處有一對杯狀腺體，會分泌蜜液以吸引昆蟲來吸取。

←油桐常散生於低海拔山區，開花期的白色花朵，將一片綠意染上雪白的色彩。

↓ 油桐為落葉喬木，主幹通直，枝幹輪生水平伸展，樹冠呈廣圓錐形。

春天綠葉茂盛成長，植株由灰褐色轉爲新綠，此時聚繖花序由葉腋處生長，綻放出滿樹的白花，白花聚生葉面上，當山頭整片油桐開花，遠望有如白雪覆蓋，是爲賞花的季節。小白花輕著枝頭，當春風吹起，花兒以旋轉方式飄落，給人無限遐思。

油桐的果實於夏天發育，球形核果初爲綠色，成熟則爲黑褐色，並會掉落地面。油桐果表面具三稜及皺紋，故又稱「皺桐」，其種子可榨油，作爲油漆與印刷油墨之用，目前已較少使用。

冬季的油桐開始蕭瑟，樹葉由綠轉黃而掉落一地，只剩下冷清的枯枝，山頭整片直立的灰白色枝椏，倒也是季節的一番自然景象。

↑ 油桐為單生葉，具長葉柄聚生於枝端，心臟形具3～5深裂緣。

## 形｜態｜特｜徵

**樹種** 落葉喬木，主幹通直，枝幹多呈輪狀排列，水平伸展，樹冠為廣圓錐形，高可達20公尺。

**葉形** 單葉，心臟形，葉緣3～5深裂，具柄，柄與葉交會處有杯狀腺體。

**花序** 雌雄異株，聚繖花序，小花白色。

**果型** 球形核果，具三稜，表面皺紋。

↓油桐葉片的基部與葉柄交接處，具有一對杯狀突起的腺點。

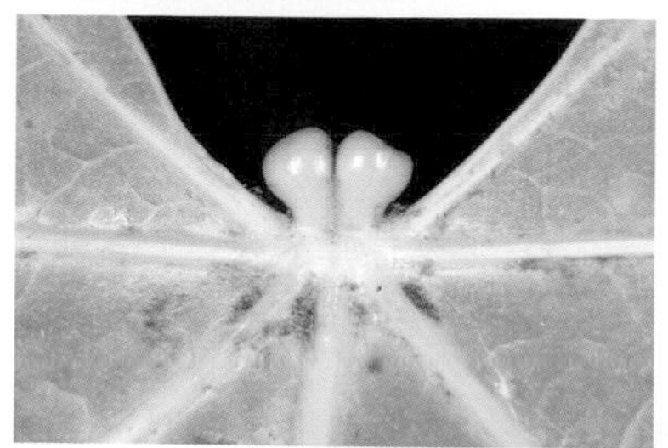

↓油桐葉片具深刻裂紋，裂紋凹處亦具單個腺點。

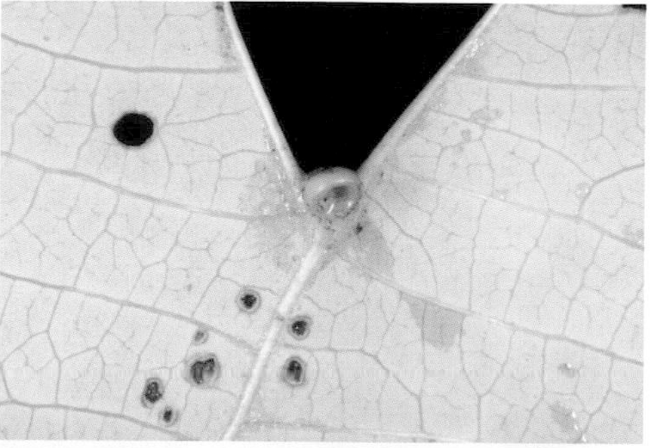

→油桐為聚繖花序，離瓣5片呈白色，花心雄蕊柱為紅色，紅白搭配嬌柔可愛。

↓油桐的果實為球形核果，表面具三稜及皺紋，又稱「皺桐」，其種子可榨油。

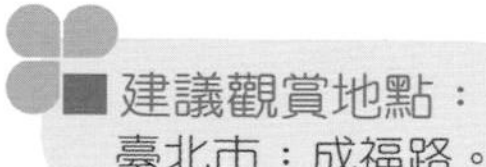

建議觀賞地點：
臺北市：成福路。

↑油桐主幹直立，樹皮呈灰褐色，表面平滑，常會大片剝落。

# 石栗 *Aleurites moluccana*

| 科名：大戟科 Euphorbiaceae | 屬名：石栗屬 |
| --- | --- |
| 英文名：Candle-nut tree | 別名：燭果樹、油桃 |
| 生育地：低海拔山坡地 | 原產地：馬來西亞、波里尼西亞 |

葉序 花序 花期    春 夏 秋 冬  果型 

↑ 石栗為常綠喬木，主幹直立，枝幹水平開展，樹冠呈圓形。

石栗爲常綠喬木，主幹直立，樹皮光滑呈暗灰色，枝幹水平展開，全株具白色乳汁，樹冠呈圓形，高可達20公尺。春天萌發新芽，單生葉，互生於枝條，具長葉柄，葉片下垂呈卵形至闊披針形，葉基具一對腺點，會分泌汁液引來螞蟻，葉邊全緣或具三至五淺裂，先端漸尖，葉脈明顯，葉面淺綠色，葉背灰白色，葉披短絨毛。

夏季綠葉濃密，爲開花時刻，圓錐花序頂生於枝端，爲雌雄同株，小花繁多呈乳白色，且略帶黃色，花序及花梗披被短毛；白色花朵聚生若花球，在綠葉間忽隱忽現，飄送著開花時的風采。

花期過後果實開始發育，爲卵圓形核果，表皮披星狀毛，初爲綠色，成熟則爲褐色；肉質，具木質種皮，其質堅硬，果實形若栗子，堅硬如石，是爲石栗名稱的由來。

石栗樹生長迅速，樹幹挺直，樹冠濃密，樹形整齊，常被當作行道樹，適應力強，具耐塵、遮蔭的效果。

## 形｜態｜特｜徵

**樹種** 常綠喬木，主幹直立，枝幹水平展開，樹皮暗灰色，光滑，樹冠呈圓形，全株具白色乳汁，高可達20公尺。

**葉形** 單生葉，互生，卵形至闊披針形，具長葉柄，葉基有一對腺點，葉背灰白色，葉披短絨毛，葉邊全緣或三至五淺裂。

**花序** 圓錐花序，頂生，雌雄同株，小花乳白色略帶黃色。

**果型** 卵形核果。

←石栗於春天萌發新芽，夏天則是綠意滿樹，展現植株旺盛的生命力。

←石栗為單生葉，互生於枝條，葉形為卵形至闊披針形，先端漸尖，基部具腺點。

↓石栗為圓錐花序，於夏天開在葉腋處，小花黃白色，數量多聚生有如花球。

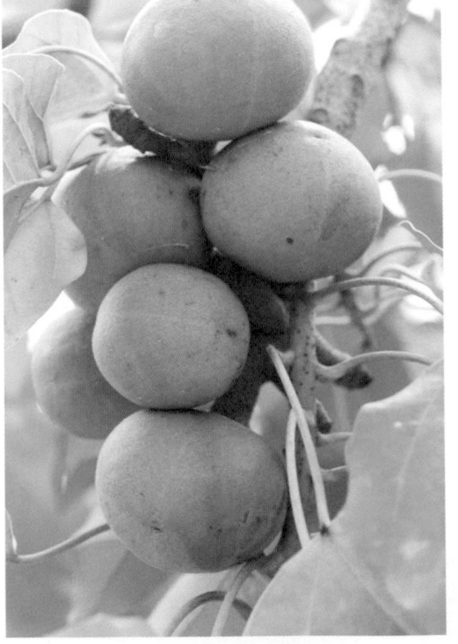

↑石栗花謝後發育果實，為卵圓形核果，表面光滑，初生為綠色，成熟則為褐色。

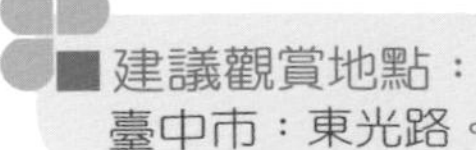

建議觀賞地點：
臺中市：東光路。

→石栗的樹幹挺直，樹皮呈暗灰色，表面平滑，全株具白色乳汁。

# 茄冬 *Bischofia javanica* Blume

| | |
|---|---|
| 科名：大戟科 Euphorbiaceae | 屬名：重陽木屬 |
| 英文名：Autumu Maple Tree | 別名：重陽木 |
| 生育地：熱帶潮濕山麓地及平原 | 原產地：臺灣原生，亦分布華南、印度、馬來、菲律賓及太平洋諸島 |

茄冬樹幹直立粗壯，樹皮紅褐色呈鱗片狀剝落，樹幹多處有瘤狀突起，形成各式圖案引人遐思，是讓人較容易由樹幹認出名字的樹種。

其枝條向四周自由伸展，初春時新葉長出翠綠色的三出複葉，還帶有綠油油的光亮，仔細觀察葉面中肋有明顯的隆起，小葉爲闊卵形，葉的先端漸尖，葉緣則爲細鋸齒狀。

春天也是茄冬樹的花期，腋生的圓錐花序開滿淡綠色小花，花朵爲雌雄異株不甚明顯。

↓ 茄冬的枝幹多且分歧，老枝蒼勁古樸，枝椏四周伸展，有老樹之姿。（宜蘭縣：羅東運動公園）

↓茄冬樹形粗壯穩健，枝葉茂盛，容易形成綠色屏障，當作行道樹給人安定之感。

夏日炎炎，樹葉開始茂盛成長，從翠綠色轉為一樹墨綠，於是形成大片綠蔭，正好是季節裡避陽遮光的最佳處所。

茄冬花朵雖小，但是在秋天卻結實纍纍，成串掛在樹枝上，而整排行道樹上都是串串球狀果實，隨著風兒飄動，帶出秋實飽滿的感覺，也頗有季節的詩意。

小漿果為球形呈黃褐色，有人將其摘下醃漬食用，加上三出複葉可作藥材，因此茄冬也算是一種經濟作物。

冬天的茄冬開始落葉，但大都為局部枯萎掉下，有時在乾燥的冬季裡，葉片會被催化為紅色，當發現植株滿樹的紅葉時，那可眞是一場令人驚嘆的邂逅，增添季節變化的律動。

茄冬的枝椏不會光禿很久，新綠的嫩葉馬上補位，將枝頭妝點的朝氣蓬勃。茄冬壽命頗長，往往生長強健粗壯，樹幹的大樹瘤有著一份神秘感，民間將之視為樹神，成為一種膜拜的信仰。

## 形｜態｜特｜徵

| | |
|---|---|
| 樹種 | 半落葉喬木，圓蓋型樹冠，高約15公尺有餘。 |
| 葉形 | 三出複葉，互生，小葉卵形，葉緣鋸齒狀。 |
| 花序 | 圓錐花序，小花淡綠色，雌雄異株。 |
| 果型 | 球形漿果。 |

←茄冬的葉片為三出複葉，小葉卵形，先端尖尾，葉邊細鋸齒狀，具光澤中肋隆起。

↓茄冬為半落葉喬木，深秋時部分葉子會脫落，脫落前會轉為紅葉，造成植株紅綠相間，是為賞葉的時刻。

↑茄冬為圓錐花序，雌雄異株，小花淡綠色，一叢叢的由葉間長出。

↑茄冬果實串串懸掛，植株形成黃綠相間的季節變化，是為豐收的時刻。

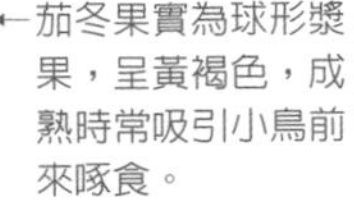

←茄冬果實為球形漿果，呈黃褐色，成熟時常吸引小鳥前來啄食。

←茄冬樹幹外皮呈紅褐色，具鱗片狀剝落，枝幹脫落處常形成大樹瘤，樹瘤造型特殊，給人遐想空間。

**建議觀賞地點：**

臺北市：大度路、忠孝東路七段、松江路、民生東路三段、中華路一段。

臺中市：東光路。

高雄市：澄清路、大同二路、鼓山三路。

臺東縣：臺九線卑南之下賓朗至十股社區(綠色隧道)。

# 血桐 *Macaranga tanarius* (L.) Muell.-Arg.

| 科名：大戟科 Euphorbiaceae | 屬名：血桐屬 |
| --- | --- |
| 英文名：Macaranga | 別名：流血樹、橙桐 |
| 生育地：低海拔向陽山坡地 | 原產地：臺灣原生，亦分布東南亞及澳洲 |

血桐為常綠喬木，主幹直立，枝幹多分歧，於折斷處會流出白色乳汁，因含鐵質氧化後變成紅色，故血桐又稱「流血樹」。樹冠綠葉濃密，幾乎不見天空，呈傘形，高可達10公尺。小枝與葉柄多披白粉，可作為防腐劑，木材質輕可造紙及做箱板。

春天萌發新芽，單生葉互生枝條，叢生於頂端，具長葉柄位於葉片中間，托葉透明，葉形為圓盾形，葉面廣大葉脈明顯呈黃色，葉背密披灰白色短毛，先端銳形，葉基圓形，葉緣略呈波浪狀。早期圓盾形葉片可當作牛、羊的飼料。

←血桐於行道路旁，常給人印象深刻的是圓圓大大的盾形葉片。（臺北市北投：中山路）

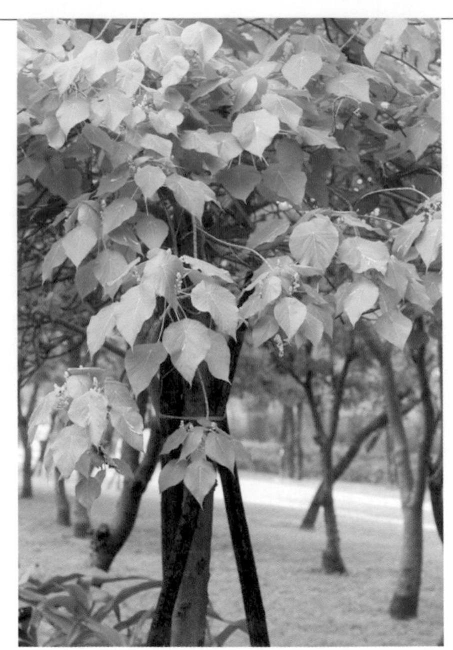

↑血桐為常綠喬木，主幹直立，枝幹多分歧，綠葉茂密，樹冠呈傘形。

血桐於春、秋兩季開花，爲雌雄異株，花無花瓣，小花黃綠色，雄花呈圓錐花序，穗狀密生數量多；雌花較少數，簇生成團。小花多由葉腋處生出，夾雜在圓盾形葉片間，改變樹木成長的形態。

血桐的果實爲球形蒴果，呈青綠色，外披角狀肉質突起物，具3條縱溝並分爲3室，各室藏有一枚黑色種子，成熟時外皮開裂，露出又黑又亮的種子，此時會吸引許多野鳥前來啄食。

←血桐為單生葉，互生於枝條，具葉柄與葉片中間相接，先端銳尖，基部圓形，葉面呈圓盾形。

↓血桐於春天萌發新芽，先由透明黃色托葉包覆，新葉長成時托葉宿存。

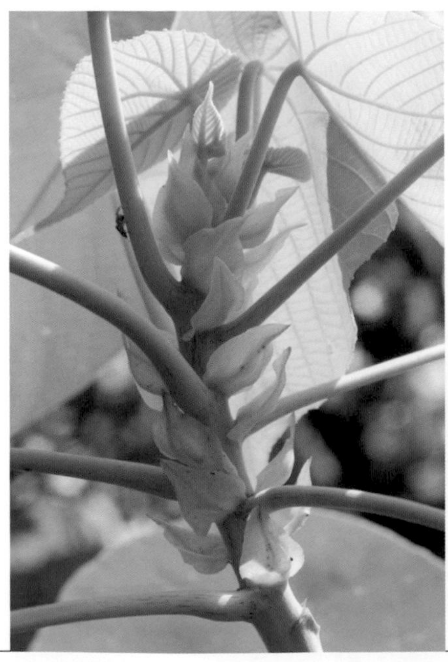

## 形態特徵

**樹種** 常綠喬木，主幹直立，枝幹多分歧，具乳汁，流出呈紅色，樹冠傘形，高可達10公尺。

**葉形** 單生葉，互生，具長葉柄，柄位葉的中間，葉為圓盾形，先端銳尖，基部圓形。

**花序** 雌雄異株，無花瓣，小花黃綠色，雄花為圓錐花序穗狀，雌花簇生成團。

**果型** 球形蒴果，外披角狀肉質突起物。

→血桐的葉子具透光性，形成翠綠的顏色，網狀葉脈明顯呈現。

↓血桐開花繁多，小花黃綠色，花序伸出綠葉，吸引昆蟲採蜜。

→血桐為雌雄異株，雄花為圓錐花序，雌花簇生成團。

←血桐結果株。

↓血桐的果實為球形蒴果，呈青綠色披白粉，有角狀肉質突起物。

→血桐主幹粗直，樹皮呈灰褐色，表面大致平滑，滿布小斑點。

↑血桐新生的枝幹，呈灰綠色具斑點。

←血桐的枝幹斷裂處有乳汁，因含鐵質所以氧化後會呈紅色，故名血桐。

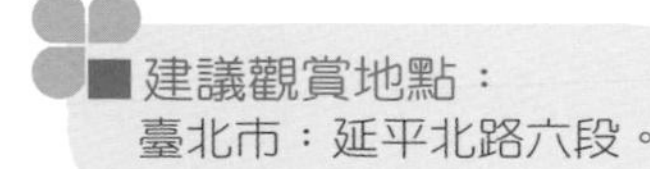

建議觀賞地點：
臺北市：延平北路六段。

# 烏桕 *Sapium sebiferum* (L.) Roxb.

| | |
|---|---|
| 科名：大戟科 Euphorbiaceae | 屬名：烏桕屬 |
| 英文名：Chinese Tallow-tree | 別名：瓊仔 |
| 生育地：低海拔平原、山麓 | 原產地：臺灣馴化種，分布華北、華南 |

葉序  花序  花期  果型 

←烏桕主幹直立，枝幹多且分歧，小枝柔軟，樹冠呈波浪狀。（宜蘭縣：羅東運動公園）

↑ 春天的烏桕綠意盎然，是萌發新葉的時刻，綠葉有型，枝幹有骨，兩相搭配是為美麗畫面。

↓ 烏桕的葉子為單葉，互生於枝條，呈菱形卵狀，先端有尖突，葉基楔形，具一對腺點。

## 形｜態｜特｜徵

| | |
|---|---|
| 樹種 | 落葉喬木，主幹直立，枝幹多分歧，樹冠呈波浪狀，高可達15公尺。 |
| 葉形 | 單葉互生，菱形卵狀，膜質有柄，先端尖突，葉基楔形，具一對腺點，葉面光滑，葉邊全緣。 |
| 花序 | 穗狀花序，雌雄同株異花，小花黃綠色。 |
| 果型 | 蒴果，球形，成熟為黑色，種子具白色蠟質假種皮。 |

烏桕爲落葉喬木，主幹直立，枝幹多分歧，小枝纖細，樹冠呈波浪狀，高可達10公尺。樹皮灰色具淺縱裂紋，小枝光滑爲赤褐色。春天萌發新芽，嬌嫩的菱狀卵形單葉互生於小枝上，先端有突尖，葉基楔形，具一對腺點，葉面光滑，葉邊全緣，新葉爲鮮綠色，帶來植株新的氣象。

夏季裡，新綠的葉片開始濃鬱生長，當陣陣風兒吹起，有如魟魚般在風中游動，轉來轉去閃動著葉面的光芒，不久穗狀花序伸出，黃綠色的小花點綴在綠葉中，增加植株色彩變化，花序上部爲雄花，黃色花絲明顯露出，下部則爲雌花。

秋天是烏桕最爲醒目的日子，當早晚溫差大的時候，在葉片萎落前，會從綠色轉成黃色再變化爲紅色，此時滿樹的紅葉，將郊野抹上一層嫣紅，聳立在藍天的搭配裡，有如楓紅般的風采，讓人不禁讚嘆，也是留下美景的時刻。

↑夏季隨著花謝果實滿布植株，一串串的綠色果實，是烏桕一年的豐收。

秋天果實開始發育，球形蒴果表面具淺溝，成熟時由青綠色轉爲黑色，之後果皮裂開，露出3枚種子，種子外表具白色蠟質假種皮，可取蠟、榨油。

陰霾的寒冬，烏桕的葉子與熟果將會落盡，只殘存枯枝徒留寂寥，隱藏著生命律動，等待另一個契機，將再展現植株的茂盛。

5月到9月間，野外生長的烏桕吸引著保育類昆蟲——渡邊長吻白蠟蟲的出現，在樹枝上就可觀察到牠的身影。

↓烏桕的果實為球形蒴果，初為綠色，小串聚生，每一果實具一小柄，懸掛枝頭。

→烏桕於初夏開出穗狀花序，為雌雄同株異花，小花黃綠色，雄花在上部，雌花則在下部。

←烏桕於深秋時綠葉會轉為紅色。

→烏桕為落葉喬木，冬天寒風過後，葉子片片飄落，只剩光禿枝椏，形成另一番景象。

←烏桕的蒴果成熟，果皮開裂，會露出3枚種子，種子外披白色蠟質假種皮。

↓烏桕樹幹呈縱裂條紋為黃褐色，5月至9月間會有渡邊長吻白蠟蟲出現，吸食樹幹汁液。

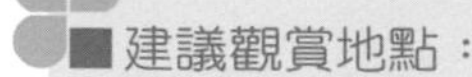

■建議觀賞地點：

臺北市：金湖路、經貿路一段、南港路一段。

臺中市：忠明南路、梅川沿岸、育德路。

# 青剛櫟 *Quercus glauca* (Thunb.) Oerst.

| 科名：殼斗科 Fagaceae | 屬名：青剛櫟屬 |
| --- | --- |
| 英文名：Ring-cupped Oak | 別名：白校讚 |
| 生育地：平地至海拔2000公尺之山麓地 | 原產地：臺灣原生，亦分布日本、印度、中國大陸 |

葉序  花序  花期  春 夏 秋 冬 果型  

↑ 青剛櫟為常綠喬木，主幹直立，枝幹分歧，樹冠呈傘形，可長成粗壯的大樹。

殼斗科

闊葉樹

青剛櫟爲常綠喬木，主幹直立粗壯，枝幹多且分歧，小枝被披黃色絨毛，樹皮灰褐色，有不明顯縱向細裂紋，內皮則呈暗褐色，樹冠呈傘狀，高可達10公尺。初春萌發新芽，單生葉互生枝條，具葉柄革質狀，長橢圓狀披針形，葉尖銳形尾狀，葉片上半部具粗鋸齒緣，葉背爲粉白色，側脈明顯多數。

春天爲開花期，是雌雄同株異花，雄花序爲葇荑花序，小花黃綠色：雌花甚小單生；山野間的植株在開花期，樹梢聚集許多金龜子甲蟲，飛來飛去忙著採食花蜜，植株也藉機傳遞花粉。

夏季枝葉茂密生長，形成綠蔭的大樹，此時花序已落，果實開始發育，橢圓形堅果，具同心環鱗片之總苞，稱之爲殼斗；殼斗披薄毛，具5～8環。堅果初生時爲綠色，秋天成熟時爲褐色，易掉落地面，成爲野生小動物喜愛的食物。

青剛櫟樹性強健，抗風、抗污、耐旱、萌發力強，少病蟲害，當作行道樹除了有綠化的功能外，還有保存本土植株的意義。

## 形｜態｜特｜徵

| | |
|---|---|
| 樹種 | 常綠喬木，主幹直立粗壯，枝幹分歧，樹冠傘形，高可達10公尺。 |
| 葉形 | 單葉，互生，革質，長橢圓披針狀，上部粗鋸齒緣。 |
| 花序 | 雌雄同株異花，雄花葇荑花序，小花黃綠色，雌花不甚明顯。 |
| 果型 | 堅果，橢圓形，由綠色轉為褐色，具同心環鱗片之總苞。 |

←青剛櫟的葉片為單生葉，互生於枝條，枝端有叢生現象，常隨小枝垂下。

↓青剛櫟的葉子呈長橢圓披針形，葉尖銳形尾狀，上半部為粗鋸齒緣。

←青剛櫟的堅果生長於葉腋處，初為綠色，成熟則為褐色。

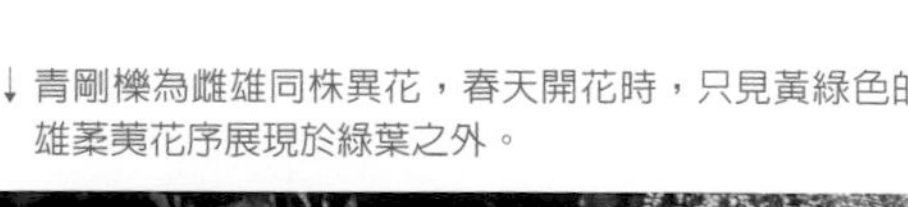

↓青剛櫟為雌雄同株異花，春天開花時，只見黃綠色的雄蕊荑花序展現於綠葉之外。

↑青剛櫟的果實為橢圓形堅果，具有同心環鱗片之總苞。

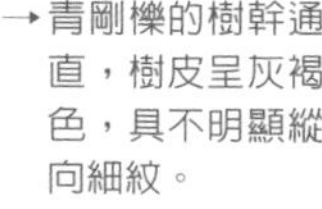

→青剛櫟的樹幹通直，樹皮呈灰褐色，具不明顯縱向細紋。

建議觀賞地點：
臺北市：經貿路二段。

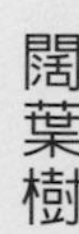

金縷梅科

# 楓香 *Liquidambar formosana* Hance

| | |
|---|---|
| 科名：金縷梅科 Hamamelidaceae | 屬名：楓香屬 |
| 英文名：Formosan Sweet Gum | 別名：楓仔樹 |
| 生育地：海拔1800公尺以下向陽山麓地 | 原產地：臺灣原生種，亦分布華中、華南 |

葉序  花序  花期  春 夏 秋 冬 果型

春神降臨大地，枯木開始新的生命，新嫩葉片紛紛冒出枝頭，探詢著春的腳步，而每棵楓香都有令您讚嘆的驚豔，新綠中出現了一樹的楓紅，新長出來的小葉全是紅嫩的色彩，新葉3裂片在逆光照射下，展現嬌嫩的鮮紅，活潑著視覺感受。

春天是開花季節，淡綠色的花朵甚小，在新綠的葉片中被相同的色塊給淹沒了。

夏天是成長的季節，滿樹綠葉茂盛，當視線由廣角到近望，從人行道的這端直視彼端，眼簾裡竟是滿滿的翠綠，呈現生機盎然景致，而整條路都是紛鬧綠意。此時球形的聚合果開始發育，搭配在綠葉中顯得清爽優雅。

↓楓香行列於行道上，在季節的變化裡展現楓紅魅力。（臺北市：逸仙路）

闊葉樹

→楓香在冬季裡，葉片由綠轉成金黃，將行道渲染成楓的季節。

→楓香樹形高大，主幹直立，枝幹水平延伸，小枝多分歧。

秋楓期待的紅葉，在都市裡較爲少見，因爲氣候關係，很難看到滿樹楓紅，想要一睹片片紅葉的風華，還是要到山區才有機會，都市中大都是局部轉爲黃色，在逆光中倒也顯出金黃，但是不久即枯萎掉落。

冬季的冷冽中，楓香變成光禿一片，只有老熟的黑色聚合果相伴，當寒風吹過，黑色聚合果也將掉盡，只好尋找滿地凋零的葉片，作爲寒霜的印記。

楓香與眞正楓樹科的楓是有區別的：楓香的葉片爲互生，楓樹科的葉片則是兩兩對生；楓香的果實爲圓形的小刺球體，而楓樹科的楓樹果實則有一對薄膜翅膀的小翅果。

## 形｜態｜特｜徵

**樹種** 落葉喬木，樹形高聳自然，高約10餘公尺。

**葉形** 單葉，互生，掌狀3深裂，基部心型。

**花序** 雌雄同株異花，雌花為球形頭狀花，雄花為總狀叢生花。

**果型** 球形聚合果。

←楓香的葉片為單生葉，互生於枝端，呈掌狀3深裂，具透光性。

↓楓香在春天萌發新葉，新葉為透光的紅色。

↓楓香的雌花為球形頭狀花。

→楓香的雄花常隨新葉開出，小巧不易觀察，雄花無花被與小鱗片夾混一起。

→楓香的雄花與新葉同時開出，花苞片具褐色纖毛，在枝頭上不易認出。

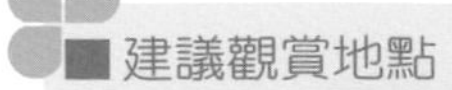

建議觀賞地點：

臺北市：至善路三段、忠孝東路四段、中山北路二段。

新竹市：公園路。

新竹縣：臺一線66K。

→楓香雖然花期短花形小，但卻結滿整株的果實，外形特殊的聚合果，初生時為綠色，成熟為黑色，常宿存枝頭。

←楓香為雌雄同株異花，與紅色新葉同時開出，雄花傳粉後花序整個脫落，只剩雌花存留。

→楓香的樹幹粗壯直立，樹皮呈灰褐色，具不規則縱深裂紋。

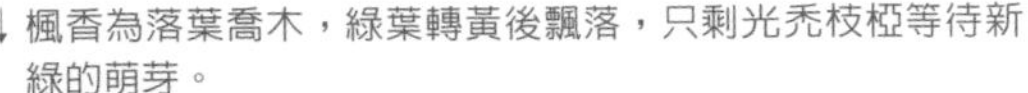

↓楓香為落葉喬木，綠葉轉黃後飄落，只剩光禿枝椏等待新綠的萌芽。

# 樟樹 *Cinnamomum camphora* (L.) Presl.

| | |
|---|---|
| 科名：樟科 Lauraceae | 屬名：樟屬 |
| 英文名：Camphor Tree | 別名：栳樟、烏樟 |
| 生育地：海拔1800公尺以下山地 | 原產地：亞洲熱帶，臺灣原生 |

葉序  花序  花期 春 夏 秋 冬 果型

老成的樟樹植株粗壯挺拔，其樹幹暗褐色，具有明顯深縱裂紋，刻畫著歲月痕跡，是生命成長的印記。枝條大小自然延伸，與粗壯樹幹搭配有如畫境，當陽光灑落其間，陰陽間的反差，極盡視覺的佇立。新葉翠綠老葉深綠，相互交錯生長，織成綠色遮蔭，整個樟樹儼然巨木風範，令人仰之彌高。

春天是樟樹的花期，淡黃色小花由枝腋處長成，在濃綠的樹葉中不甚明顯，反而同時期的新葉長出，透過光線呈現鮮嫩翠綠的色彩，讓樹木頓時鮮活起來，將樟樹的葉片搓揉成碎，一股清香樟腦味撲鼻而來，讓人感到清新爽朗。

↓ 樟樹樹形挺直，兩邊成排整齊栽種，徜徉其間清新爽朗。（臺北市：敦化北路）

早期臺灣利用樟樹樹幹榨取汁液爲樟腦油，作爲人體外敷驅風解毒之用，還形成重要的經濟產業。

夏秋的樟樹綠葉特別濃鬱，烈日下是最佳的遮蔭處所，微風中在樹下小憩，舒服放鬆的不由得小眠。當作行道樹栽植成林，陽光將樹影映在地上，拉出美麗的倒影，這也是午後都會中的自然風情。

冬天的樟樹依然枝葉茂盛，爲常綠型喬木，讓人無法感受季節的變化，但是仔細一瞧，淡黃色小花不見了，一顆顆熟透的黑色漿果穿插在綠葉中，眼尖的白頭翁，嘰嘰喳喳的忙著大啖果實呢！

樟樹作爲行道樹可形成綠色屏障，防風、防塵外還吐納空氣的循環，是都市最佳的自然空氣清潔器。

樟樹葉子是棉桿竹節蟲的食草，常常被吃食一空，不過還好樟樹的新葉成長快速；棉桿竹節蟲受到刺激會發出人參味，作爲趨敵之勢。

另外樟樹的樹幹常會聚集黃斑椿象，吸食樹幹汁液，還在其上繁衍後代呢！

↓樟樹生命力強，樹冠呈波浪圓形，枝幹範圍廣大，頗有巨木之姿。

↑樟樹的巨幹通直，與糾結的枝幹相襯，搭配清新的綠葉，讓人仰之彌高。

## 形｜態｜特｜徵

**樹種** 常綠喬木，樹冠伸展呈波狀圓形，野外生長可形成巨木。

**葉形** 單葉互生，闊卵形。

**花序** 圓錐花序，腋生，花小淡黃色。

**果型** 球形漿果，成熟為黑色。

←樟樹為常綠喬木，單生葉互生於枝條，闊卵形葉邊波浪緣，揉之有香氣。

↓樟樹春天開出圓錐花序，花朵甚小，然數量頗多，在綠葉中相間出淡黃的花色。

→樟樹的果實為球形漿果，初為綠色，成熟則為黑色，常吸引鳥兒前來取食。

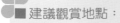

↑樟樹樹幹呈暗褐色，具明顯深縱裂紋，有如刻畫歲月的痕跡，讓人印象深刻。

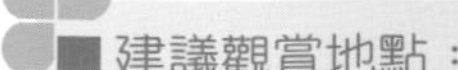

建議觀賞地點：

臺北市：仁愛路三段、敦化北路。

新竹市：光復路、市府路。

臺中市：東光路。

臺東縣：臺九線鹿野永德至武陵段(綠色隧道)。

# 土肉桂 *Cinnamomum osmophloeum* Kanehira

特有種

| 科名：樟科 Lauraceae | 屬名：樟屬 |
| --- | --- |
| 英文名：Indigenous Cinnamon Tree | 別名：假肉桂、土肉桂 |
| 生育地：低海拔闊葉林中 | 原產地：臺灣特產 |

葉序  花序  花期 春 夏 秋 冬  果型 

↑ 土肉桂為常綠喬木，主幹細直，枝幹斜上，綠葉茂密，樹冠呈圓形。

樟科

闊葉樹

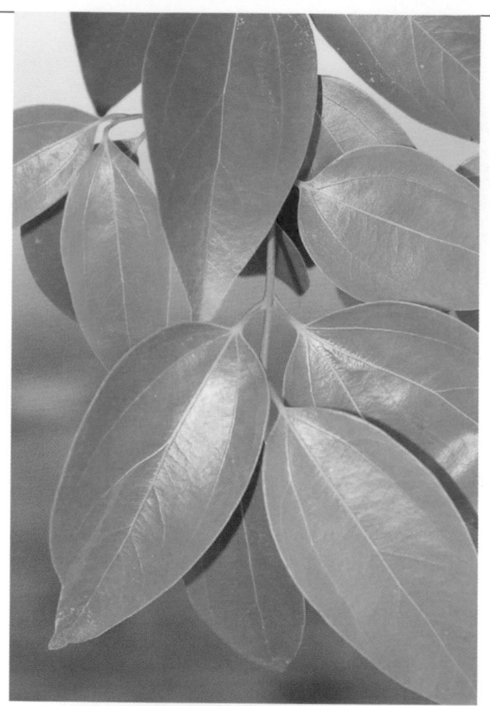

↑土肉桂的葉子為單生葉，對生於枝條，長闊卵形，先端漸尖，具明顯三出縱脈，揉之有肉桂香。

土肉桂爲常綠喬木，主幹細長直立，枝幹斜上生長，小枝細圓爲淡綠色，多且分歧，全株具有肉桂香氣，樹冠呈圓形，高可達10公尺。春天萌發新芽，翠綠色葉片對生於枝條，帶給墨綠色老葉一份清爽的感覺。

葉片爲單生葉，長闊卵形，葉面革質有光澤，先端漸尖，葉基鈍形，三出縱脈明顯，葉表淡綠色，葉背灰白色，葉邊全緣，內含黏液，搓揉之具肉桂香，因含有肉桂醛成分，葉片可提煉精油，具殺菌、抗蚊蟲之功效。

夏天聚繖狀圓錐花序由葉腋處生出，小花呈白色，漏斗狀，花梗花被有絹毛。果實爲橢圓形核果，初生爲綠色，成熟則爲黑色，果托邊緣還宿存花被片。

土肉桂爲臺灣特產，因含大量肉桂醛成分，被栽種成經濟樹種，可做抗菌、殺菌的產品；其爲行道樹生長強健，抗旱、抗塵，也是綠美化的一項選擇。

## 形｜態｜特｜徵

| | |
|---|---|
| 樹種 | 常綠喬木，主幹細長直立，枝幹斜上生長，小枝圓細呈淡綠色，全株具肉桂香，樹冠圓形，高可達10公尺。 |
| 葉形 | 單生葉對生於枝條，長闊卵形，革質，先端漸尖，基部鈍形，三出縱脈明顯，搓揉後有肉桂香氣。 |
| 花序 | 聚繖狀圓錐花序，腋生，小花白色，漏斗狀，花被有絹毛。 |
| 果型 | 橢圓形核果，宿存花被片。 |

↑ 土肉桂於夏季開花，小花伸出枝端，展現嬌柔的色彩。

↑ 土肉桂的果實為橢圓形核果，初生時為綠色，成熟則為黑色。

↑ 土肉桂為聚繖狀圓錐花序，花序軸與花苞為淡黃色，小花開出則為白色。

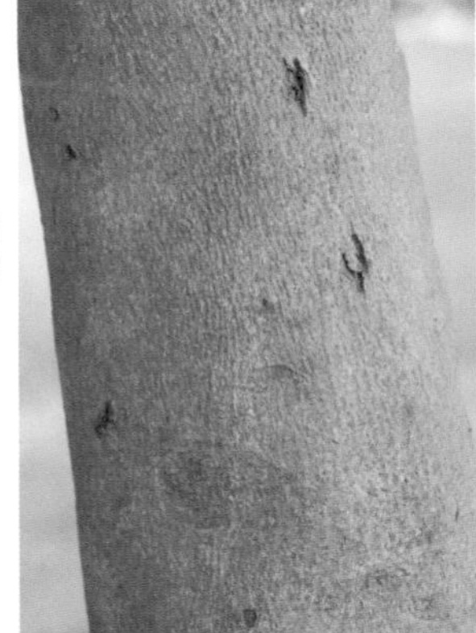

→ 土肉桂主幹細長，樹皮呈灰褐色，表面平滑。

■ 建議觀賞地點：

高雄市：民族一路、民生一至二路、四維二至三路。

# 紅楠 *Machilus thunbergii* Sieb. & Zucc.

| | |
|---|---|
| 科名：樟科 Lauraceae | 屬名：楨楠屬 |
| 英文名：Red Nanmu | 別名：豬腳楠 |
| 生育地：海拔200公尺至1800公尺之山麓地 | 原產地：臺灣原生、亦分布大陸、日本、韓國 |

葉序 花序  花期  春 夏 秋 冬 果型

春季的紅楠開始長出新芽，新芽經過陽光照射透著鮮嫩的紅色，當滿樹都有紅色新芽冒出時，整株植物是呈現點點紅葉，紅楠的名稱於焉成立，而這景象也是人們對它最深刻的印象。

新芽竄出由2公分長至10公分長，厚度也逐漸寬廣，外型有如豬腳狀，一般民眾則戲稱它為「豬腳楠」，久而久之就成了紅楠的俗名。

在紅楠長新芽前的初春，頂生的圓錐花序開出繁多的黃綠色小花，而花序的大苞片也為紅色，每個枝頭都頂著一束花朵，讓植株有著不同風貌，吸引許多蜜蜂前來採蜜。

↓ 紅楠樹幹粗壯，樹冠寬廣，易形成大樹，在行道旁需有空間生長方能強健長勢。

↑ 紅楠別名為「豬腳楠」，是因為新芽萌發，外形有如豬腳般，故名之。

↑ 紅楠的新葉漸次開展，新葉呈鮮豔紅色，是紅楠名稱的由來。

夏季枝葉茂密，寬廣的樹冠將烈日遮蔽，此刻是一樹的綠意。秋季開始發育果實，果實爲球形漿果，成熟時爲暗紫色，這時許多野鳥都來報到，成爲野鳥覓食的對象。暗紫色果實高掛枝頭，搭配鮮紅色的果梗，也是紅楠的另一番風情。

紅楠樹形高大可達數10公尺，樹冠寬廣枝葉茂密，生性耐潮抗風，生長快速且強健，對塵煙極具抵抗力，作爲都會的行道樹非常適合，且綠蔭濃密也是消暑的好處所。

↓ 紅楠為單生葉，互生枝條，簇生於枝端，呈倒卵披針形，革質，全緣。

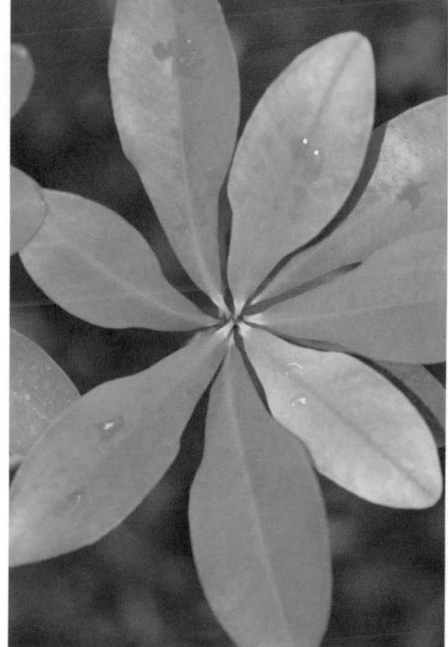

## 形｜態｜特｜徵

**樹種** 常綠喬木，樹幹直立，高可達20公尺，樹冠廣闊。

**葉形** 單葉互生於枝條，倒卵披針形，具革質。

**花序** 圓錐花序，小花黃綠色。

**果型** 球形漿果。

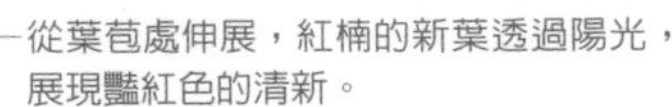

←從葉苞處伸展，紅楠的新葉透過陽光，展現豔紅色的清新。

↓紅楠於春天開花，花序繁多頂生葉上，常見植株遍布黃綠色的小花。

↑紅楠為圓錐花序，花朵甚小，呈黃綠色，但因數量多，容易觀察到開花的盛況。

↑紅楠為球形漿果，初為綠色，成熟則為暗紫色。

→紅楠的樹幹粗壯，樹皮呈灰褐色，常有綠色及白色苔蘚附著。

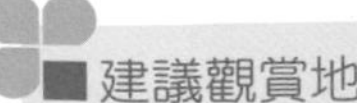

建議觀賞地點：
臺北市：陽金公路。

# 相思樹 *Acacia confusa* Merr.

| | |
|---|---|
| 科名：豆科 Leguminosae | 屬名：相思樹屬 |
| 英文名：Taiwan Acacia | 別名：相思仔 |
| 生育地：低海拔平原 | 原產地：臺灣原生，亦分布南洋、菲律賓 |

葉序  花序  花期  果型 

相思樹爲常綠喬木，主幹粗壯直立，樹皮平滑灰褐色，枝幹多分歧且斜上生長，會隨地形與氣候而改變生長方向，小枝柔軟數量多，假葉常綠濃密，樹冠呈傘狀，高可達15公尺。枝幹爲臺灣早期重要的薪炭材，所燒製的木炭稱之爲「相思仔炭」。

春天萌發新芽，眞正的羽葉已退化，看到的則是葉柄膨大成的假葉，假葉爲綠色呈細長鐮刀狀，兩端漸尖，具5條縱脈，互生於小枝上，革質有光澤。柔軟的小枝搭上細長的假葉，常被風兒吹得左右搖擺，在樹下感覺是一陣的晃動。

↓ 相思樹傘形的樹冠將植株覆蓋，成為綠意鬱鬱的行道樹，樹枝柔軟隨風飄動，增添行道上的風情。

↑ 相思樹枝幹斜上分歧，小枝繁多，枝椏間形成線條，搭配細長綠葉，是為樹形之美。

↑ 相思樹真葉退化，鐮刀狀的綠葉，是葉柄膨大形成的假葉。

## 形｜態｜特｜徵

**樹種** 常綠喬木，主幹粗壯直立，枝幹斜上多分歧，小枝柔軟，樹冠呈傘狀，高可達15公尺。

**葉形** 小葉退化，葉柄膨大成假葉，呈鐮刀狀，兩端漸尖，5條縱脈，互生，革質。

**花序** 頭狀花序，小花金黃色，腋出。

**果型** 莢果，長條形。

初夏頭狀花序由葉腋處生出，小花聚生成球狀，爲顯眼的金黃色，花序雖小，但數量頗多，花季時繁花似錦，綻放枝頭，將綠色大樹妝點金黃色的風采，而小花球也隨著風吹飄落一地，讓土地也染上一層金黃色的鋪陳。

相思樹的果實爲長形莢果，於開花後發育，初爲綠色，秋天成熟後爲褐色，表面平滑，老熟會掉落地面。

相思樹樹性強健，耐旱、耐風、不擇土壤、病蟲害少，是早期荒地復植的優良樹種，當作行道樹亦爲綠化的選擇。

↑相思樹於夏季開花，小花繁多呈金黃色，於葉腋處生出，將綠色植株染上金黃色。

→相思樹花朵小巧，頭狀花序聚生形如圓球，金黃色，雄蕊數多明顯。

←相思樹長條形莢果，初生時為綠色，成熟則為褐色，莢果有種子處會隆起。

→相思樹的樹幹呈灰褐色，表面平滑。

■建議觀賞地點：
臺北市：大度路三段。

# 大葉合歡 *Albizzia lebbeck* (L.) Benth.

| | |
|---|---|
| 科名：豆科 Leguminosae | 屬名：合歡屬 |
| 英文名：Siris Tree | 別名：緬甸合歡、印度合歡 |
| 生育地：熱帶平原 | 原產地：緬甸 |

葉序 | 花序  | 花期 春 夏 秋 冬  | 果型

春天的大葉合歡開始長出綠葉，二回羽狀複葉由枝條處伸出，刀狀方形的小葉兩相對生，迎向春風的撫動，不久滿樹綠意展現，帶來植株活潑的生命律動。此時緊接著頭狀花序由葉腋處生出，短短的花梗挺立淡黃綠色的花朵，花朵內雄蕊多數，且整齊伸出花冠外，外形有如粉撲。

花季時，滿樹的粉撲花將大葉合歡點綴的玲瓏可愛，吸引喜歡採蜜的蝴蝶與蜜蜂競相訪花，傳粉後的粉撲花雄蕊萎縮，掛在樹梢上像是一頭白髮，不久就開始發育果實。

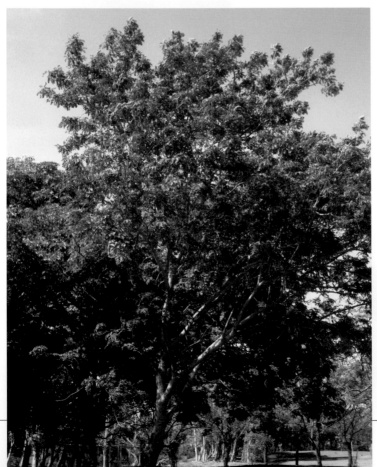

←大葉合歡為落葉喬木，春天萌發新綠，樹形頗廣，樹冠呈傘狀。

夏季是枝葉濃鬱的時刻，樹冠張開枝椏撐起一頂綠色大傘，羽狀複葉交錯生長，風兒吹來像是千萬隻小扇舞動，替炎炎夏日帶來一絲遮蔭的涼意，偶有陽光穿透小葉印記出植株的模樣。

秋季是果實豐收成熟之際，扁線形的莢果會長成30公分長，果實顏色由綠轉黃到黃褐色，此刻羽狀複葉開始老萎掉落，植株上只見成熟莢果吊掛樹稍，透過陽光的照射，在藍天爲幕下展現另一番風華。

冬季寒風起意，大葉合歡整株綠葉掉落，光禿禿的枝椏伸入天際，還好有莢果陪伴，掛在禿枝上等待另一季生機的啓動。

大葉合歡生性強健，耐旱抗風，成長迅速，枝葉繁茂，又有四時不同的花果風情，當作行道樹頗能開創市街柔美的景致。

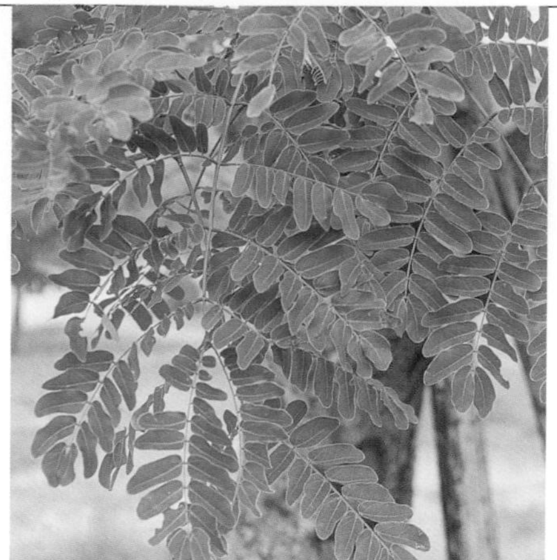

↑大葉合歡為二回偶數羽狀複葉，刀狀方形小葉對生，柔軟下垂隨風飄動。

## 形｜態｜特｜徵

| | |
|---|---|
| 樹種 | 落葉喬木，傘狀樹冠，高可達6公尺。 |
| 葉形 | 二回偶數羽狀複葉，小葉對生，刀狀略彎曲。 |
| 花序 | 頭狀花序，呈圓錐排列，腋生，花為淡黃綠色。 |
| 果型 | 扁線形莢果。 |

↓大葉合歡於春夏之際開花，淡黃綠色的花朵相間在綠葉中，帶來植株最美的時刻。

←大葉合歡為頭狀花序，由葉腋處生出，小花淡黃綠色，雄蕊數多伸出，有如粉撲。

↓大葉合歡果實成熟時，枝椏上的綠葉凋零，只有黃褐色莢果相伴。

←大葉合歡果實為扁長形莢果，老熟會掉落地面，種子處明顯凸起。

←大葉合歡主幹直立，樹皮呈灰褐色，平滑略有皺紋。

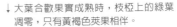

建議觀賞地點：
高雄市：河東路、河西路、鼓山一路。

# 豔紫荊 *Bauhinia blakeana* Dunn

| 科名：豆科 Leguminosae | 屬名：羊蹄甲屬 |
| --- | --- |
| 英文名：Hong Kong Orchid Tree | 別名：香港櫻花 |
| 生育地：熱帶平原 | 原產地：香港 |

葉序  花序  花期 春 夏 秋 冬 果型 

↑豔紫荊綠葉濃密，紫紅色花朵相間其中，為行道上的植株帶來美麗風采。（臺中市：建國路）

↑豔紫荊主幹直立，小枝柔軟下垂，樹形呈傘狀散生，開花時更顯魅力。

↑豔紫荊的葉片為單生葉，闊心形自頂端深裂，有如羊的蹄，新葉翠綠，老葉深綠，四季植株常綠。

## 形｜態｜特｜徵

**樹種** 常綠喬木，主幹粗壯直立，枝幹斜上生長，小枝數多，柔軟下垂，綠葉茂密，樹形為傘狀散生，高可達5公尺。

**葉形** 單生葉，革質，闊心形，自頂端深裂，若羊蹄狀。

**花序** 雌雄同株，總狀花序，花形大，具芳香，花萼呈佛焰苞狀，花瓣紫紅色。

**果型** 扁平莢果。

豔紫荊爲常綠喬木，是自然雜交種，可能是羊蹄甲與洋紫荊這兩種雜交的結果。主幹粗壯直立，枝幹斜上生長，小枝數量多且披毛，柔軟下垂，綠葉密生，滿布植株，樹形爲傘狀散生，高可達5公尺。

春天萌發新葉，單生葉生於小枝，葉片爲闊心型，革質，自頂端深裂，有如羊蹄狀，初爲翠綠色具透光性，成葉則爲深綠色，葉片四季常綠，不若羊蹄甲冬季會落葉，故而植株常爲綠葉覆蓋。

豔紫荊花形頗大，具芳香味，花瓣5片平展，呈紫紅色，具白色瓣紋，基部呈柄狀相連，花萼明顯呈佛焰苞狀，雌蕊與雄蕊明顯伸出，花期甚長，數量也多，植株因而呈現出紅花配綠葉，極具觀賞價值。

開花不久果實發育，扁平狀莢果生長良好，初爲綠色，成熟時爲黑褐色，常常一棵植株綠葉、紅花與褐果俱存，形成觀賞的焦點。

豔紫荊生性強健，樹形完整，葉片茂密有型，花朵豔紅，當作行道樹可爲屏障及遮陽，更是綠美化的優良植株，也是季節賞花的目標。

**建議觀賞地點：**
臺北市：安興街。
臺中市：建國路。
嘉義市：垂楊路、金山路、四維路。
高雄市：十全三路、裕誠路、五福二路、明誠三路。

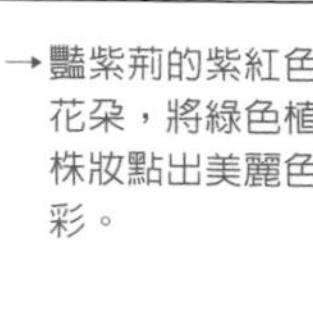
→豔紫荊的紫紅色花朵，將綠色植株妝點出美麗色彩。

↓豔紫荊的花朵為總狀花序，花形碩大，5片花瓣基部呈柄狀，有白色條狀瓣紋。

→豔紫荊的果實為扁平狀莢果，初生時為綠色，與綠葉相仿，此時花已凋謝。

↑豔紫荊的莢果扁平長條狀，成熟時為褐色，還會宿存枝頭，讓植株有季節的變化。

# 羊蹄甲 *Bauhinia variegata* L.

| 科名：豆科 Leguminosae | 屬名：羊蹄甲屬 |
| --- | --- |
| 英文名：Orchid-tree，Mountain Ebony | 別名：南洋櫻花 |
| 生育地：熱帶平原 | 原產地：印度 |

葉序 ｜ 花序 ｜ 花期 春 夏 秋 冬 ｜ 果型

↓羊蹄甲為落葉喬木，主幹細直，枝幹多分歧，上舉生長，樹形呈圓形。

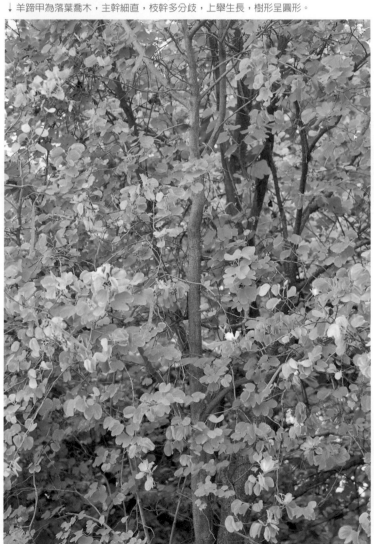

羊蹄甲爲落葉喬木，主幹較短，枝條多且分歧，小枝上舉，樹形呈圓形，高可達6公尺。春天從枯枝中萌發花苞，在落葉後長新葉前，率先開出美麗嬌花；總狀花序由枝腋處生出，爲雌雄同株的完全花，花瓣淡紅色呈倒卵形，瓣基變狹長成柄狀，是繼櫻花之後，最爲燦爛熱鬧的春花，帶給都市行道上色彩瑰麗的視覺感受。

春末夏初，在淡紅色花朵尚未凋零時，翠綠的新葉紛紛冒出，形成紅花綠葉相間的樹形。羊蹄甲的葉片爲單生，葉面較寬，葉脈不太明顯，葉子先端深裂，外形有如羊蹄，是「羊蹄甲」名稱的由來。整個夏天是植株最具綠意的時刻，綠葉濃密將枝條遮蔽，當微風吹起，葉片隨風搖曳，消去夏暑的熱浪。

秋天受粉的子房發育成果實，扁平狀莢果有如小刀，初爲綠色，成熟後爲黃褐色，此時綠葉開始枯黃，紛紛隨著氣候轉涼而凋零落下。

冬天的羊蹄甲葉片枯黃掉落地面，植株只剩枯枝，在寒冬中略感蒼涼，其時枯枝中正隱藏生命的契機，在還沒有萌發新芽前，小花苞已然登場，不久則是滿樹的美麗嬌花。

↓羊蹄甲為單生葉，具長柄互生於枝條，先端深裂外形若羊蹄。

↓羊蹄甲的總狀花序先葉而開，滿樹的淡紅色花朵為植株呈現最美的時刻。

## 形｜態｜特｜徵

| | |
|---|---|
| 樹種 | 落葉喬木，主幹較短，枝幹分歧，枝條上舉，樹形較硬呈圓形，高可達6公尺。 |
| 葉形 | 單葉，葉先端深裂，葉基鈍圓，外形有如羊蹄，葉脈不明顯。 |
| 花序 | 總狀花序，雌雄同株，花瓣淡紅，有紅色與黃色斑紋。 |
| 果型 | 莢果，扁平狀。 |

←羊蹄甲的花色鮮明，搭配在綠意中凸顯花兒的嬌美。

→羊蹄甲的嬌花碩大美麗，常於早春開花，花色呈淡紅色。

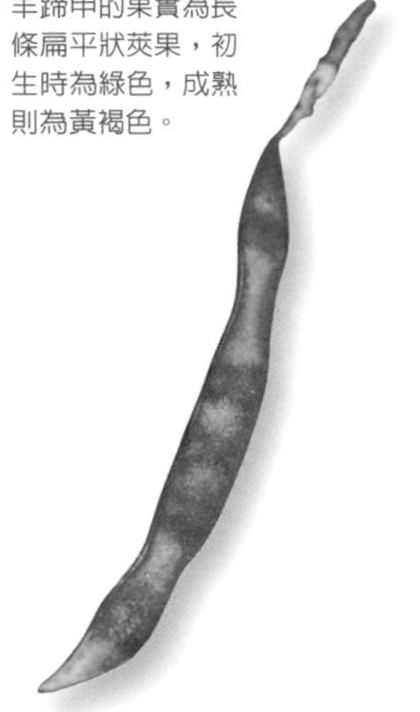

↓羊蹄甲的果實為長條扁平狀莢果，初生時為綠色，成熟則為黃褐色。

↑羊蹄甲為落葉喬木，落葉前部分綠葉變黃，黃綠相間是秋天的感覺。

←羊蹄甲主幹細直，樹皮呈灰白色，表面平滑具不規則小結塊。

建議觀賞地點：

臺北市：新明路、大業路。

高雄市：九如二路、中林路、民權二路、鼓山三路。

# 鳳凰木 *Delonix regia* (Boj.) Raf.

| | |
|---|---|
| 科名：豆科 Leguminosae | 屬名：鳳凰木屬 |
| 英文名：Flame Tree | 別名：火焰樹 |
| 生育地：熱帶平原 | 原產地：非洲馬達加斯加島 |

葉序  花序  花期 春 夏 秋 冬 果型

每年6月時值校園驪歌響起，學子們難免有離別依依的傷感，佇立在校園裡，高大的鳳凰木正怒放著滿樹火紅花朵，深刻地留影在視覺中，成爲離別校門的象徵，也是這個時節代表性的花之容顏。

頂生的鳳凰木花朵爲總狀花序，花形碩大美豔，5片花瓣明顯展現，在風中像是蝴蝶飛舞般的引人注目；有些枝條下垂在眼前，其上掛著有如球狀的紅色花團，燃燒著景觀的變化，具有強烈的熱帶風情。

盛暑之際，鳳凰木上蟬鳴聲此起彼落不絕與耳，樹枝成爲夏蟬們聚集的場所，在樹蔭下乘涼之際，也可抬頭觀察小生物的生態，不過可要閃躲蟬兒的噴尿喔！

↓車行道上成排的鳳凰木，頂端開出豔紅的花朵，讓人感到有如行走在花道般的驚喜。（高雄市：中華一路）

↑ 鳳凰木主幹略為彎曲生長，枝幹多且分歧，樹冠呈傘形，小枝柔軟常往下垂。

↑ 鳳凰木的葉片為二回羽狀複葉，小葉數10對，質地輕柔，隨風飄搖，好像一把搖扇。

## 形｜態｜特｜徵

| | |
|---|---|
| 樹種 | 落葉喬木，樹冠呈大傘形，高達10餘公尺。 |
| 葉形 | 二回羽狀複葉，線形小葉數10對。 |
| 花序 | 總狀花序頂生，花為紅色。 |
| 果型 | 彎刀型莢果。 |

夏秋之際，綠葉茂盛生長，形成遮蔭大傘，顏色翠綠的羽狀複葉，小葉質地輕柔，每枝都像優美的羽毛，當風兒吹拂，柔枝搖曳的將樹影映在行道上，成爲另一種風情的展現。

冬季來臨時，小葉部分會轉爲黃色，然後葉片開始掉落，枝椏上只剩下彎刀狀的黑褐色莢果，老莢果滿掛樹上，賦予行道路截然不同的景觀，給人些許孤寂蕭瑟的感覺。

鳳凰木植株高大，枝條向四周開展，形成巨大的傘狀樹形，當幾百棵傘形的鳳凰木排列在行道路與中隔島上，繁密的羽狀複葉相互交織，搭成綠色隧道讓車行的駕駛感受別於水泥大樓的不同感覺。

↑鳳凰木的總狀花序頂生枝條，形成如花球般的燦爛，有時整株花球滿布，綠葉都不知去向了。

↑鳳凰木的莢果常宿存枝頭，新綠中夾雜老熟黑褐色莢果，讓植株多了一分變化。

↓鳳凰木的紅色花朵花形碩大，5片花瓣狀如蝴蝶般飛舞，甚為醒目。

←鳳凰木樹幹光滑，呈灰白色或淡灰色。

■建議觀賞地點：

臺北市：仁愛路四段、忠孝東路六段。

嘉義市：自由路、世賢路一段。

高雄市：中華一至二路、鼓山一至三路。

花蓮市：臺九線亞泥公司段。

# 雞冠刺桐 *Erythrina crista-galli* L.

| 科名：豆科 Leguminosae | 屬名：刺桐屬 |
|---|---|
| 英文名：Common Coral-tree | 別名：海紅豆 |
| 生育地：熱帶平原 | 原產地：巴西 |

葉序　花序　花期　春　夏　秋　冬　果型

雞冠刺桐爲落葉灌木，主幹粗短，枝幹近地面處生出，多分歧向外延伸，小枝綠色多柔細，樹皮暗褐色，具深縱裂紋，樹形呈圓狀，高可達4公尺。春天開始萌發新芽，三出複葉密生，小葉翠綠色呈長卵形，長葉柄具有尖銳的刺，觀賞時小心被刺到。

三出複葉具長葉柄，風兒吹過時，3片小葉左右搖動，好像童玩搖鈴似的，整個植株也像舞蹈般生動。

←雞冠刺桐為落葉灌木，主幹粗短，枝幹分歧，小枝柔軟，綠葉常遮蓋植株，呈圓狀樹形。

↑雞冠刺桐在行道旁，展現其蒼勁的老幹，以及橫向斜生的枝椏，有如造景般的植栽。

總狀花序於春天與新芽並生，由小枝端伸出花軸形成花序，小花從花苞到花開都呈現鮮紅的花色，讓紅花綠葉的植株彰顯美麗的畫面。仔細端看，每朵小花花瓣有如佛焰苞狀，像是護衛著雄蕊與柱頭，花形頗爲特別。

夏秋之際，綠葉遮蔽，植株以一樹的綠意呈現，花落後的果實開始發育，長莢果無刺，呈念珠狀，初生時爲綠色，成熟則爲黃褐色到黑色。到了冬天，葉子開始枯黃，漸次的掉落地面，只是在還沒光禿前，新芽即開始發育，嫩葉旋而開展，不久又是一樹的綠意。

雞冠刺桐爲陽性樹種，根系強健，生長迅速，耐乾、耐潮，當作行道樹頗易栽種，紅花綠葉的搭配也是最佳的美化植物。

→雞冠刺桐為三出複葉，具長葉柄有刺，小葉長卵形。

### 形｜態｜特｜徵

**樹種** 落葉灌木，主幹粗短，枝幹分歧，小枝柔細，樹形圓狀，高可達4公尺。

**葉形** 三出複葉，小葉長卵形，葉柄具刺。

**花序** 總狀花序，小花紅色，花瓣佛焰苞狀。

**果型** 莢果。

←雞冠刺桐綠葉茂盛，葉柄橫生，其上多具尖刺，易鉤著外物。

→雞冠刺桐春季開花，為總狀花序，花軸甚長，花苞紅色豔麗。

↓雞冠刺桐的花序頗多，長花軸上的花苞由下端漸次開花，花期甚長。

↑雞冠刺桐的果實為長條形莢果，呈念珠狀，初生為綠色，成熟則為黑色。

→雞冠刺桐主幹粗短，呈暗褐色，具深縱裂紋，有老幹蒼勁之感。

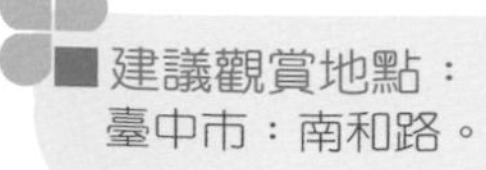

建議觀賞地點：
臺中市：南和路。

# 刺桐 *Erythrina variegata* L.

| | |
|---|---|
| 科名：豆科 Leguminosae | 屬名：刺桐屬 |
| 英文名：India Coral Tree | 別名：梯枯、雞公樹 |
| 生育地：熱帶平原及山麓 | 原產地：臺灣原生，亦分布熱帶亞洲、太平洋諸島、琉球 |

葉序 | 花序 | 花期 春 夏 秋 冬 | 果型

刺桐爲落葉喬木，主幹粗壯直立，枝幹斜上生長，樹皮淡灰色有縱條狀紋，枝幹上有黑色瘤狀刺，樹冠以傘狀展開，高可達15公尺。春末於開花後萌發新芽，讓光禿的枝椏冒出新綠，葉片爲三出複葉，互生於枝條，具長葉柄，柄無刺；小葉爲菱形或闊卵形，具短柄，葉柄基部有一對腺體，葉邊全緣，紙質；秋天枯黃掉光，冬天以枯枝展現。

春天在新葉萌發前，由枝頂開出總狀花序，小花橙紅色聚生爲蝶形花，旗瓣明顯展現，且將翼瓣與龍骨瓣包裹，花朵內含豐富蜜汁，吸引鳥兒的青睞；刺桐花序繁多，滿布枝頭，豔麗奪目，將光禿的植株在綠葉前，先展現美麗的風采。

↓ 刺桐綠葉茂盛，植列於行道中作為綠色的區隔，也整齊了市容。（臺中市：西屯路一段）

←刺桐為三出複葉，具複葉柄與小葉柄，小葉為菱形或闊卵形。

↑刺桐的三出複葉無刺，葉柄基部有一對腺體。

果實於夏天發育成熟，爲念珠狀莢果，初爲綠色，成熟則爲黑色，其內種子爲深紅色。

刺桐爲陽性植物，根系強健，生長迅速，耐乾、耐風，當作行道樹可增加植栽的多樣性，不過最近常受蟲害，輕者葉片有蟲癭，重者新芽無法發育，需要多加注意。

## 形｜態｜特｜徵

**樹種** 落葉喬木，主幹粗壯直立，枝幹斜上生長，樹皮淡灰色有縱條狀紋，枝幹有黑色刺，樹冠呈傘狀，高可達15公尺。

**葉形** 三出複葉，小葉具短柄，為菱形或闊卵形，葉柄基部有一對腺體，無刺。

**花序** 總狀花序，頂生，花為蝶形橙紅色，旗瓣包被翼瓣與龍骨瓣。

**果型** 莢果，念珠狀。

↑刺桐葉片因受蟲癭侵入，葉片常有扭曲膨大的狀態。

→刺桐於春天開花，橙紅色花朵先綠葉而開，將光禿的枝椏添上美麗色彩。（林文智 攝）

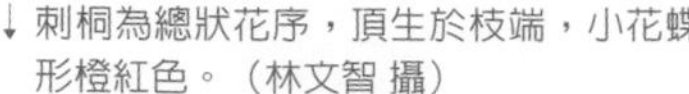

↓刺桐為總狀花序，頂生於枝端，小花蝶形橙紅色。（林文智 攝）

←刺桐為落葉喬木，在寒冬中掉光綠葉，只剩枯枝伸向天際。

**建議觀賞地點：**

臺北市：承德路七段、西藏路、北安路。

臺中市：精誠路、西屯路一段。

高雄市：九如四路。

↑刺桐的主幹粗直，樹皮呈淡灰色，具縱條紋，其上有黑色刺瘤。

# 盾柱木 *Peltophorum pterocarpum* (DC.) Backer *ex* K. Heyne

| 科名：豆科 Leguminosae | 屬名：盾柱木屬 |
| --- | --- |
| 英文名：Yellow Flame | 別名：黃焰木 |
| 生育地：熱帶平原 | 原產地：熱帶美洲、澳洲 |

葉序  花序  花期 春 夏 秋 冬  果型

↓盾柱木枝葉茂盛，常在行道旁成為遮陽的綠色天幕，搭配不同季節的顏色變化，帶來清爽的視覺。（臺北市：建國南路）

→盾柱木為落葉喬木，春天時萌發新芽，新綠的嫩葉添補枯枝，形成傘狀樹冠。

盾柱木爲落葉喬木，主幹直立，樹幹灰褐色，光滑，枝幹斜生多分歧，小枝上舉披褐色氈毛，樹冠呈傘狀，高可達15公尺。春天萌發新芽，爲二回羽狀複葉，有羽片4～13對，小葉10～15對，小葉翠綠色爲長橢圓形，先端鈍無突尖，沒有小葉柄，幼葉時披褐色毛。

夏季時枝葉濃密，整株都是綠意盎然，排列在行道旁，樹冠散生延展形成一片，在樹下仰望有如綠色天幕，是爲最佳的遮陽樹蔭。小葉細緻柔軟，常隨風兒左右搖晃，形成綠色波浪，也是植株特別的一面。

盾柱木爲總狀花序，於夏天從枝端伸出，花序柄、花柄及花苞披褐色細毛，小花呈黃色，花瓣片具皺紋，長花柱爲絲狀，柱頭呈盾形是爲「盾柱木」名稱的由來。黃花聚生由下次第往上開展，形成圓錐狀花串，雖然花兒開在枝端，較不易近距離觀察，但遠望開花株時，讓綠色植株增添色彩的變化。

扁平狀莢果於花謝後發育，初爲綠色，成熟時則爲紅褐色，熟果高掛枝頭，在陽光下顏色豔麗，將枝頭渲染點點紅色，又是植株在展現魅力的時刻。冬天老果爲黑色落下地面，綠葉開始凋零，植株則變身爲光禿的枝椏，等待來春萌芽。

## 形｜態｜特｜徵

| | |
|---|---|
| 樹種 | 落葉喬木，主幹直立，枝幹斜上生長，樹冠呈傘狀，高可達15公尺。 |
| 葉形 | 二回羽狀複葉，羽片4～13對，小葉10～15對，葉細小，長橢圓形，無柄。 |
| 花序 | 圓錐狀總狀花序，小花黃色，頂生枝端。 |
| 果型 | 扁狀莢果。 |

←盾柱木為二回羽狀複葉，葉片細小，數量卻多，常隨著風兒飄動，如扇子般上下搖動。

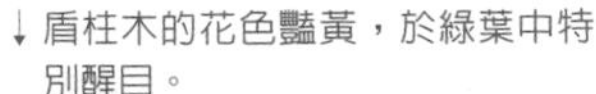

↓盾柱木的花色豔黃，於綠葉中特別醒目。

→盾柱木為總狀花序，花序軸及花苞為黃褐色，黃色花朵次第開展，在陽光下特別引人注目。

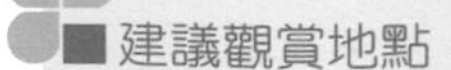

建議觀賞地點：

臺北市：大業路、辛亥路二段、建國南路一段、松德路。

臺中市：東光路。

高雄市：河東路。

↑盾柱木的紅色莢果滿布枝頭，這是植株顏色變化，最吸引人注目的時刻。

←盾柱木果實為扁狀莢果，初為綠色，成熟則為紅色，數量頗多。

# 金龜樹 *Pithecellobium dulce* (Roxb.) Benth.

| | |
|---|---|
| 科名：豆科 Leguminosae | 屬名：金龜樹屬 |
| 英文名：Manila Tamarind | 別名：羊公豆、牛蹄豆 |
| 生育地：熱帶平原 | 原產地：熱帶美洲 |

葉序 | 花序 | 花期 春 夏 秋 冬 | 果型

↓金龜樹為常綠喬木，主幹粗壯，枝幹斜上，小枝柔軟，樹冠呈圓形散生。（臺南市：五妃廟）

金龜樹當作行道樹，最吸引人的是它粗壯的樹幹，其樹幹略為折曲，常見拳狀隆起，搭配褐色樹皮，是為時間久留的印記，但是枝椏間卻是濃鬱的綠意，一點都不見老態，展現了植株旺盛的生命力。

金龜樹茂盛的綠意，是由一對對小葉組成，其二回羽狀複葉外形像似一對翅膀長在葉柄的先端，葉基上有尖刺一對，在初春時節會長出新葉，帶給老幹新綠的活潑。

春季開花時節，圓錐花序由枝腋處生出，小花淡白綠色，在萬綠中不甚起眼，倒是秋天的果實讓人記憶深刻；金龜樹的果實為莢果，莢果膨大外形呈念珠狀扭曲，特殊的形狀再加上為淡紅色，為眾人所注目的焦點。

金龜樹為常綠喬木，其枝葉濃密，樹形蒼勁粗壯，植株有沉穩厚實之感，除了當作行道樹栽種外，因其耐鹽抗風，也適合作為海岸造林。

↑ 金龜樹的葉片為二回羽狀複葉，小葉一對，基部具一對銳刺。

## 形｜態｜特｜徵

| | |
|---|---|
| 樹種 | 常綠喬木，樹幹粗壯，有托葉痕跡，高可達15公尺。 |
| 葉形 | 二回羽狀複葉，小葉一對，葉基具一對銳刺。 |
| 花序 | 圓錐花序，小花淡白綠色。 |
| 果型 | 莢果呈念珠狀扭曲。 |

↓ 金龜樹新芽由老幹處萌發，展現生命的旺盛，新葉呈紅褐色。

←金龜樹於春天萌發新芽，抽長的幼枝呈褐色，其上具銳刺，兩兩相對。

↓金龜樹花序於初春與新芽同時開放，花序小巧常被綠葉遮住，不易觀察。

↑金龜樹為圓錐花序，小花淡綠色，外披白色絨毛，生於葉芽間。

←金龜樹的老幹扭曲生長，樹皮呈褐色，表面有拳狀隆起。

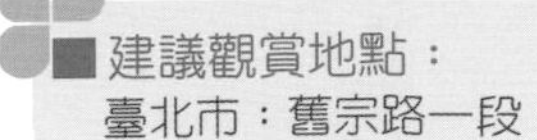

建議觀賞地點：
臺北市：舊宗路一段。

# 水黃皮 *Pongamia pinnata* (L.) Pierre

| | |
|---|---|
| 科名：豆科 Leguminosae | 屬名：水黃皮屬 |
| 英文名：Poonga-oil Tree | 別名：九重吹 |
| 生育地：低海拔平原處 | 原產地：臺灣原生，亦分布華南、印度、琉球、澳洲 |

葉序  花序 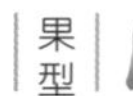 花期 春 夏 秋 冬 果型

水黃皮爲半落葉喬木，主幹直立，樹皮爲灰褐色，枝幹斜生，小枝細軟下垂，樹冠呈傘狀，高可達10公尺。春天萌發新芽，奇數羽狀複葉由枝端生出，新葉時爲嫩綠色，半透明狀，陽光穿過時更顯翠綠。

小葉爲5至7枚，相互對生，爲闊卵形，先端突尖，葉基圓形，葉面光滑，葉邊爲全緣或波浪緣，有明顯的中肋；春天的嫩葉夾在未落的老葉中，讓植株顯得生動活潑，而具有光澤的葉面，在風兒吹動下，閃爍著明暗的對比，也是讓人注目的時刻。

夏日炎炎，正是枝葉茂密生長的時刻，整樹的綠意形成自然的遮蔭，當成排的植株列出，讓車行道有如綠色走道，柔化了視覺的感受。

↓ 水黃皮茂盛的綠葉是優良的行道樹，栽植於道路中形成綠色屏障。（臺北市：忠孝東路五段）

總狀花序於秋天開出，由葉腋處生出，小花繁多，呈淡紫色，花冠為蝶形，因綠葉濃鬱而顯得若隱若現，想要賞花還挺費眼力的，小花輕著於花萼，一陣風吹旋而落下，常在植株下鋪滿淡紫色的落花。

水黃皮的果實發育在秋天，木質莢果呈刀狀長橢圓形，扁平不開裂，果色由青綠轉為成熟的黃褐色，有時會宿存枝頭，與新開的花序同時存在。

冬天早晚溫差大，水黃皮有部分的葉子會轉變成金黃色，透過藍天的搭配呈現耀眼的圖案，當老葉掉落，新葉不久就萌發，遞補空出的枝頭。

## 形｜態｜特｜徵

| | |
|---|---|
| 樹種 | 半落葉喬木，主幹直立，枝幹斜生，小枝下垂，樹冠傘形，高可達10公尺。 |
| 葉形 | 奇數羽狀複葉，小葉對生，闊卵形，先端突尖，葉基圓形，葉邊全緣或波浪緣，葉面光滑，中肋明顯。 |
| 花序 | 總狀花序，小花淡紫色，花冠蝶形。 |
| 果型 | 莢果，扁平，呈刀狀長橢圓形，綠色轉黃褐色。 |

→水黃皮的葉子為單數羽狀複葉，小葉對生闊卵形，先端有尖突，葉基圓形，葉邊有波浪緣。

↓春天水黃皮萌發新芽，夏季則綠葉濃密，葉片在陽光下閃閃發光，顯得生氣盎然。

→水黃皮的總狀花序，由葉腋處生出，小花聚生呈淡紫色，花序滿布枝頭。

↓水黃皮的小花為典雅的淡紫色，花冠為蝶形，上方旗瓣有黃色斑點。

↑水黃皮的果實於開花後不久發育，其為莢果扁平，呈刀狀長橢圓形，初為綠色，成熟為黃褐色。

↑水黃皮為半落葉喬木，深秋時部分葉子變黃後脫落，枝頭葉片疏落搭配熟果。

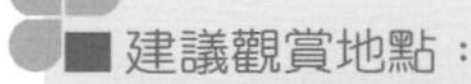

建議觀賞地點：

臺北市：松仁路、忠孝東路五段。

臺中市：經國路、五權西三街。

高雄市：六合二路、林森一路。

花蓮市：民權路。

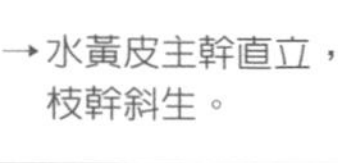

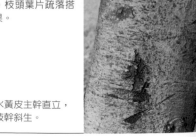

→水黃皮主幹直立，枝幹斜生。

# 印度紫檀 *Pterocarpus indicus* Willd.

| 科名：豆科 Leguminosae | 屬名：紫檀屬 |
| --- | --- |
| 英文名：Burmese Rosewood、Padauk | 別名：羽葉檀、黃柏木、薔薇木、青龍木 |
| 生育地：熱帶平原 | 原產地：印度、菲律賓、馬來半島 |

葉序  花序  花期 春 夏 秋 冬 果型

↓印度紫檀主幹粗壯直立，枝幹斜上生長，樹形呈波浪圓形，高可達25公尺。（高雄市：中華一路）

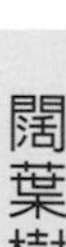

豆科

印度紫檀爲落葉喬木，主幹直立，樹皮爲黃褐色，有不規則片狀剝落，枝幹斜上生長，有時比主幹還長，較高處分枝多，小枝則柔軟，樹形呈波浪圓形，高可達25公尺。春天萌發新芽，葉片爲奇樹羽狀複葉，小葉卵形互生小枝上，先端漸尖，基部爲圓形，葉面革質狀，葉邊全緣，初生時爲翠綠色，透著陽光隨風搖曳，閃爍著清新的綠意；成熟的葉片則爲深綠色，可爲遮陽之用。

印度紫檀在綠葉茂密的夏天，開出總狀花序，花序由葉腋處生出，小花黃色鑲嵌在萬綠中，花序綿延成串的掛在枝頭；當成排的印度紫檀都開花時，花葉同時隨風擺動，形成不同顏色的波浪，還不時飄送著香氣，是植株最具魅力的時刻。

花開花落則是果實發育的時刻，印度紫檀的果實爲扁平狀莢果，莢果初生時爲綠色，在綠葉中幾乎看不見，等到成熟爲褐色時，方知已結有果實，老熟時會掉落地面，因其四周具有圓形薄膜，會隨著氣流飛散，藉以傳播種子，其果實不具尖刺，藉以區別印度黃檀的帶刺果實。

印度紫檀在冬季會掉光綠葉，形成枯樹，只有若干老果宿存枝頭，但不久即會萌發新葉，長出一樹的綠意。

←印度紫檀為奇數羽狀複葉，小葉為卵形互生葉軸，先端漸尖，葉基圓形。

## 形｜態｜特｜徵

| | |
|---|---|
| 樹種 | 落葉喬木，主幹直立，枝幹斜上生長，小枝柔軟，樹形呈波浪圓形，高可達25公尺。 |
| 葉形 | 奇數羽狀複葉，小葉為卵形互生，先端漸尖，葉基圓形，葉面革質，葉邊全緣。 |
| 花序 | 總狀花序，小花為黃色，具香氣。 |
| 果型 | 扁平莢果，四周具圓形薄膜，中央不具刺。 |

闊葉樹

←印度紫檀的樹形呈波浪圓形，綠葉常將植株覆蓋，花期的黃色點綴在綠葉中，活潑植株的生氣。

→印度紫檀為總狀花序，成串的懸掛枝頭，黃色花朵明顯，鑲嵌在綠葉中。

↓印度紫檀為落葉喬木，寒冬綠葉落盡，只剩光禿枝椏，以及尚未脫落的老熟莢果。

→印度紫檀的果實為扁平莢果，初生為綠色，在綠葉中較不起眼，等到成熟為黃褐色，方為人知曉。

↓印度紫檀的扁平莢果，老熟為黃褐色會掉落地面，莢果四周為圓形薄膜，會隨風飄散。

↑印度紫檀樹皮呈黃褐色，有不規則片狀剝落，看起來頗有年歲蒼涼之感。

建議觀賞地點：

臺北市：木新路三段、光復南北路、松智路。

臺中市：公益路、精誠路、五權西三街、忠明南路。

高雄市：大順一至二路、中華一至二路、九如四路。

# 雨豆樹 *Samanea saman* (Jacq.) Merr.

| 科名：豆科 Leguminosae | 屬名：雨豆樹屬 |
| --- | --- |
| 英文名：Rain Tree | 別名：雨樹 |
| 生育地：熱帶平原 | 原產地：南美洲 |

葉序  花序  花期 春 夏 秋 冬 果型 

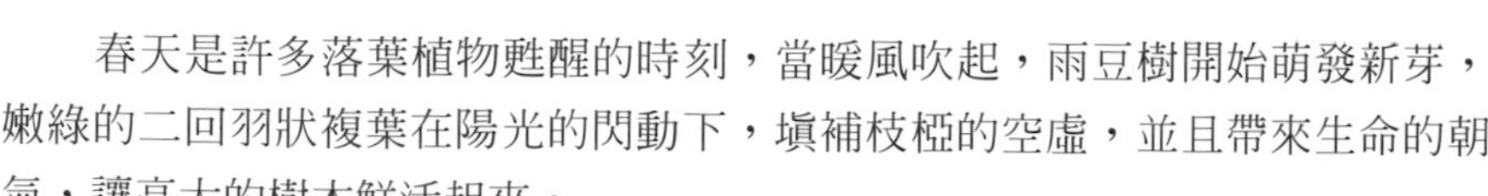

春天是許多落葉植物甦醒的時刻，當暖風吹起，雨豆樹開始萌發新芽，嫩綠的二回羽狀複葉在陽光的閃動下，填補枝椏的空虛，並且帶來生命的朝氣，讓高大的樹木鮮活起來。

夏季是生長的旺期，綠葉濃密分布，樹冠呈傘狀，爲良好的遮蔭場所，此時頭狀花序由葉腋處生出，花冠呈淡黃色，雄蕊花絲細長且多，前端爲紅色，花形似粉撲。淡黃色花朵開滿植株，增添了行道路上的視覺享受。

秋分時節花落果熟，扁平的莢果開始由綠轉褐，成熟時頗爲堅硬，種子間有隔膜；大部分莢果都懸掛枝頭，要等到老熟時才會脫落。

雨豆樹爲落葉喬木，在寒風的吹襲下，羽葉會轉爲黃色，不久即枯萎掉落，但是在臺灣羽葉較不會整株掉光，天候稍爲轉熱，新葉即刻萌發，一樹的綠意旋而重新展現。

↓ 雨豆樹主幹直立，枝幹粗壯，斜上分歧生長，綠葉覆蓋枝頂，成傘狀遮陽。（高雄市：大順路）

## 形｜態｜特｜徵

**樹種** 落葉大喬木，樹冠呈傘形，高可達20公尺。

**葉形** 二回羽狀複葉，小葉對生，斜卵狀長橢圓形。

**花序** 頭狀花序，花為淡黃色，雄蕊花絲細長，為紅色。

**果型** 莢果扁平狀。

↑雨豆樹的葉子為二回羽狀複葉，小葉對生小枝，呈斜卵狀長橢圓形，質軟易隨風飄動。

→雨豆樹花期甚長，可從春天觀賞到秋天，但是花朵嬌小，並且頂生枝端，遠望只見紅色小點。

←雨豆樹為頭狀花序，粉撲狀的小花頂生枝端，雄蕊絲狀數多，先端明顯紅色，將淡黃色花瓣遮住。

**建議觀賞地點：**
高雄市：大順一至二路、河東路、後昌街。

←雨豆樹的果實為扁平狀莢果，初為綠色，成熟則為黑色，容易掉落地面。

→雨豆樹樹幹為黑褐色，有不規則縱淺紋。

# 阿勃勒 *Senna fistula* L.

| 科名：豆科 Leguminosae | 屬名：鐵刀木屬 |
|---|---|
| 英文名：Golden Shower | 別名：波斯皀莢 |
| 生育地：熱帶平原 | 原產地：印度、斯里蘭卡 |

葉序  花序  花期 春 夏 秋 冬 果型 

5月的南臺灣，炙熱的陽光讓行人不得不找綠蔭來避暑，當視線偶然停頓在樹上時，由心的讚嘆不禁脫口而出，令人側目的是滿樹懸垂的金黃色花串在陽光中閃爍，花串受到微風吹拂，搖動的花影有如美麗的風鈴，讓人不禁放鬆微笑，愉悅了悶熱的心情。

阿勃勒在行道樹上開出一季絢麗的色彩，妝點繁華若夢的夏日風情，一串串金黃色總狀花序由枝條垂下，在夏日陽光裡是一片耀眼的花影，搭配後生的綠葉更顯出植株的美麗。

↓花期在夏天的阿勃勒，開出金黃色的總狀花序。（高雄市：河東路）

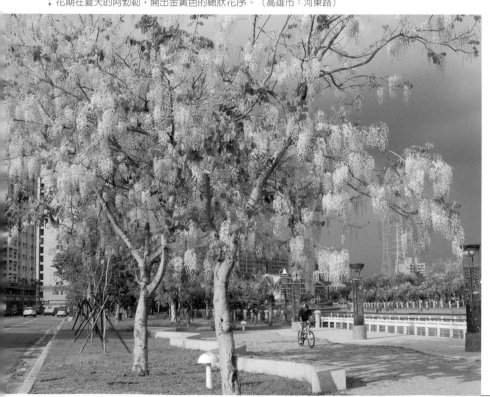

滿樹繁花吸引著許多昆蟲訪花採蜜，不久花串漸漸飄落有如花葬，而甜蜜的綠色莢果開始成長，當莢果成長到一定長度後，開始呈黑褐色懸掛於枝條上。有些阿勃勒的花串與莢果同時掛在樹上，那是前一年的莢果尚未老熟落地的情形。長圓筒形的莢果是花卉藝術的好材料，堅實、耐久、有型是它中選的條件。

阿勃勒樹枝展開呈傘形，尚未開花的季節爲滿樹綠意，羽狀複葉由黃綠色轉爲秋季的墨綠，此時也是莢果等候成熟的契機，到了冬天爲落葉期，但在臺灣不甚明顯，依然是綠意盎然的在行道樹上展現植株風情。

## 形｜態｜特｜徵

| | |
|---|---|
| 樹種 | 落葉喬木，樹冠傘形，高約10餘公尺。 |
| 葉形 | 羽狀複葉，小葉對生，卵形。 |
| 花序 | 總狀花序，花為金黃色。 |
| 果型 | 長圓筒形莢果，種子扁平狀。 |

←阿勃勒的葉片為羽狀複葉，於花期後萌發，呈黃綠色。

↓阿勃勒除花季外，皆是綠意盎然的模樣，大片綠葉隨風飄動，令人感到爽朗。

↑阿勃勒枝幹散生，枝頭懸掛金黃色花串，在陽光下更顯得亮麗。

←阿勃勒的總狀花序，長花軸下垂，金黃色花朵排列兩旁。

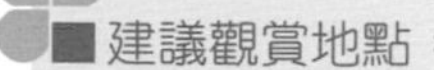

■建議觀賞地點：

臺北市：長興路、復興南路一段、民權東路六段、潭美街。

臺中市：國光路。

嘉義市：忠孝路。

高雄市：光華一至二路、和平一至二路、河東路。

屏東市：復興南路。

↓阿勃勒的果實為長圓筒形莢果，成熟為黑色常宿存枝頭。

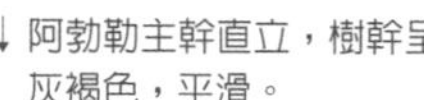

↓阿勃勒主幹直立，樹幹呈灰褐色，平滑。

# 鐵刀木 *Senna siamea* (Lamarck) Irwin & Barneby

| 科名：豆科 Leguminosae | 屬名：鐵刀木屬 |
|---|---|
| 英文名：Siamese Senna | 別名：暹決明、鐵道木 |
| 生育地：熱帶低海拔山坡地 | 原產地：東南亞 |

葉序  花序  花期  春 夏 秋 冬 果型 

↓鐵刀木主幹直立，枝幹斜生，小枝柔軟下垂，樹冠呈錐形。（高雄市：同盟路）

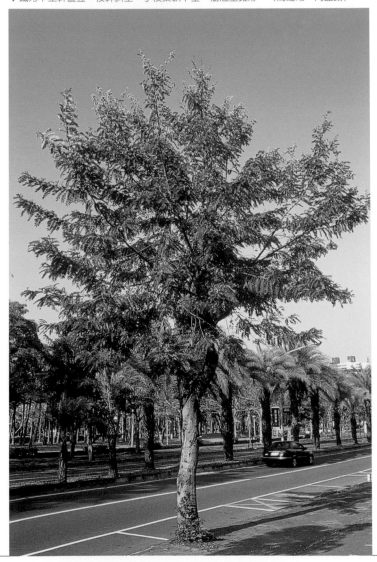

鐵刀木爲落葉喬木，主幹直立，枝幹斜生，小枝柔軟下垂，嫩枝披毛，樹皮呈褐色，可提煉單寧，樹幹縱切中心質硬具美麗紋路，爲木材之一，早年日據時作爲槍托與枕木的材料。樹冠呈錐形，高可達20公尺。

春天萌發新芽，一回偶數羽狀複葉生長於小枝上，由6～10對小葉組成，小葉長橢圓形，先端略凹，基部爲鈍形，葉面平滑紙質，葉邊全緣，具羽狀側脈。葉片爲黃蝶的食草，高雄美濃的黃蝶翠谷常聚集大量黃蝶，就是因爲當地栽種許多的鐵刀木。

鐵刀木的圓錐花序於夏天展開，頂生於小枝上，小花繁多呈黃色，點綴在綠葉中互相輝映；長扁形莢果緊接著發育，初生時爲綠色，成熟時則爲褐色，老熟掉落地面。

←鐵刀木為一回偶數羽狀複葉，小葉長橢圓形，先端略凹，紙質平滑，具羽狀脈。

## 形｜態｜特｜徵

| | |
|---|---|
| 樹種 | 落葉喬木，主幹直立，枝幹斜上生長，小枝數多且下垂，樹冠為錐形，高可達20公尺。 |
| 葉形 | 一回偶數羽狀複葉，小葉6～10對，長橢圓形，先端略凹，基部鈍形，葉面平滑紙質，具羽狀側脈。 |
| 花序 | 圓錐花序，頂生，小花黃色。 |
| 果型 | 長扁形莢果，含種子處凸起。 |

↓鐵刀木於夏天開花，為頂生圓錐花序，小花繁多呈黃色。

↓夏天黃色花序頂生於鐵刀木的枝端，長花軸伸向天際迎風搖曳。

↑鐵刀木的長扁形莢果於結果期點綴在綠葉中，增添植株的變化。

秋末至冬天，鐵刀木的羽狀複葉會枯黃掉落，但較少整株落光，新芽萌發即時，所以常見綠意，當作行道樹可耐旱、耐塵，生長強健，樹形高大，綠葉茂盛，具遮蔭功效。

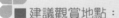

■建議觀賞地點：

臺北市：建國北路三段。

臺中市：三民路。

高雄市：九如一路、大同一至二路、河東路、同盟路。

屏東市：南京路、上海路。

→鐵刀木的果實為長扁形莢果，初生為綠色，成熟則為褐色。

→鐵刀木樹皮呈褐色，表面平滑略具斜條紋，可提煉單寧，樹幹縱切質硬，有美麗紋路，是木材之一。

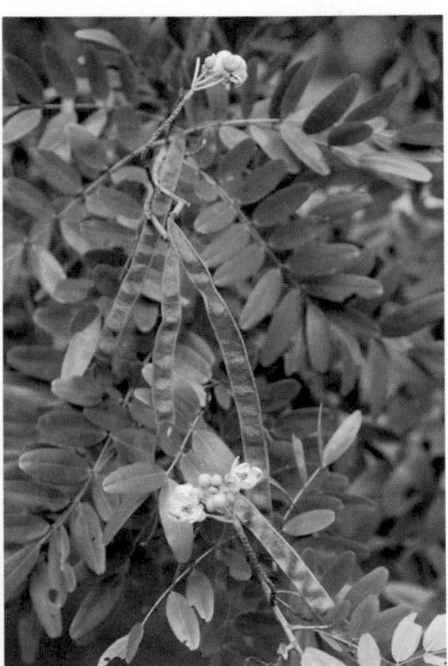

# 黃槐 *Senna surattensis* (Burm. f.) Irwin & Barneby

| 科名：豆科 Leguminosae | 屬名：鐵刀木屬 |
| --- | --- |
| 英文名：Glossyshower Senna | 別名：槐、豆槐、金藥樹 |
| 生育地：熱帶平原 | 原產地：西印度 |

葉序  花序  花期 春 夏 秋 冬 果型 

黃槐爲落葉喬木，主幹細直，枝幹多且分歧，細枝則柔軟下垂，綠葉茂密生長，樹形呈圓狀，樹高可達4公尺。春天萌發新芽，羽狀複葉由7～9對小葉組成，小葉對生呈卵形，先端鈍形略凹；起風時，羽狀複葉隨著細枝左右搖擺，像是在跳舞的樹木。

新葉剛長成，黃槐的花朵即迫不及待的開出，腋生的總狀繖房花序，將植株布滿，黃色小花錯落在綠色的葉片中，妝點出繽紛燦爛的色彩；黃槐的花期甚長，幾乎全年都有花朵盛開，黃色花朵內含10朵雄蕊，全部都具有花藥，因此吸引許多蜜蜂前來採蜜。

↓ 黃槐為落葉喬木，主幹細直，枝幹多分歧，小枝細柔，樹形呈圓狀。（宜蘭縣：公正路）

↑黃槐為羽狀複葉，小葉對生葉軸，呈卵形，先端略凹。

全年花朵盛開，果實也跟著發育，莢果扁平呈念珠狀，初爲綠色，成熟則爲暗褐色，因爲花朵繁多，莢果滿布枝條，所以常見黃槐的植株綠葉、黃花、褐果俱在，可在同一時間觀賞到植物的一生。

黃槐雖是落葉喬木，老葉在寒冬中會枯黃掉落，但植株不常見到光禿的景象，實因生長快速，新葉隨時添補枯枝，有如常綠植物般的茂密。

## 形｜態｜特｜徵

| | |
|---|---|
| 樹種 | 落葉喬木，主幹細直，枝幹多且分歧，細枝柔軟下垂，樹形圓狀，高可達4公尺。 |
| 葉形 | 羽狀複葉，小葉對生，卵形。 |
| 花序 | 總狀繖房花序，小花黃色。 |
| 果型 | 扁平莢果，念珠狀。 |

↓黃槐為總狀繖房花序，於枝端葉腋處生出，花期甚長四季皆可賞花。

←黃槐鮮豔的花朵，5片花瓣開展，雄蕊數量多，常吸引蜜蜂採蜜。

↓黃槐四季皆會開花，常見黃色花朵與褐色果實同時宿存枝頭。

←黃槐的果實為扁長形莢果，成熟為暗褐色，含種子處形成念珠狀。

↓黃槐主幹直立，樹皮呈灰褐色，表面平滑，老幹有裂紋。

■建議觀賞地點：
臺北市：大度路。
高雄市：自由一路、沿海二至四路。
宜蘭縣：公正路。

# 紫薇 *Lagerstroemia indica* L.

| 科名：千屈菜科 Lythraceae | 屬名：紫薇屬 |
|---|---|
| 英文名：Common Crape Myrtle | 別名：百日紅、癢癢花、滿堂紅 |
| 生育地：低海拔平原 | 原產地：華中、華南 |

葉序 花序 花期  春 夏 秋 冬  果型 

紫薇爲落葉喬木，主幹短且小，枝幹多且分歧，小枝柔軟，樹冠呈傘狀，高可達8公尺。其樹皮呈褐色，光滑有脫落性，那是枝幹長大時，外皮自動裂開脫落所露出光滑青灰色的嫩皮。

春天新芽萌生，翠綠色的新葉開始妝點光禿的枝椏，其爲單生葉，對生於小枝上成兩列狀，幾無柄，橢圓形，光滑革質。當滿樹綠意濃鬱時，春風撫過枝頭搖曳，有如呵癢亂動，故有「癢癢花」的別名。

美麗的花期在夏天，圓錐花序頂生枝頭，小花數量頗多，呈紅紫色，雄蕊數多爲黃色，花瓣皺形，具瓣柄。紅紫色小花繁多，將枝頭點綴如花球般，此時是植株最具魅力的時刻，當然也吸引許多蜜蜂前來訪花採蜜。

↓紫薇花期一到，行道樹頓時花團錦簇，吸引人們佇足觀賞。（臺北市：至誠路）

←紫薇為落葉喬木，主幹較短，枝幹多且分歧，小枝柔軟，樹形嬌小。

↓紫薇的葉片為單生，成兩列互生，無柄，橢圓形，先端圓而略凹，冬天會落葉。

↑紫薇於春天萌發新葉，嫩葉及幼枝為紅色。

紫薇花期甚長，直到秋天還是依然豔麗迷人，當花謝掉落後，子房開始發育果實，長橢圓形的蒴果爲黃褐色，成熟時果皮裂開，露出黑色種子。

冬天的寒意催化著綠葉凋零，葉片紛紛掉落地面，植株只見向上分歧的枯枝，但這只是暫時隱藏生機，其實是等待另一個萌發的日子。

## 形｜態｜特｜徵

**樹種** 落葉喬木，主幹短小，樹皮褐色，光滑有脫落性，枝幹多且分歧，小枝柔軟，高可達8公尺。

**葉形** 單葉，對生，成兩列，無柄，橢圓形。

**花序** 圓錐花序，小花紅紫色，雄蕊多數，花瓣皺形，具瓣柄。

**果型** 長橢圓形蒴果。

→紫薇花色多樣，除了紅紫色還有淡紫與白色，相互開花增添色彩的變化。

↓紫薇為圓錐花序，小花數量多，多為紅紫色，頂生枝頭，有如花團。

↑仔細端倪紫薇的花朵，6片花瓣成皺形，並有細長瓣柄，雄蕊數多呈黃色。

←紫薇的果實為橢圓形蒴果，初為綠色，成熟為褐色，果皮會裂開露出種子。

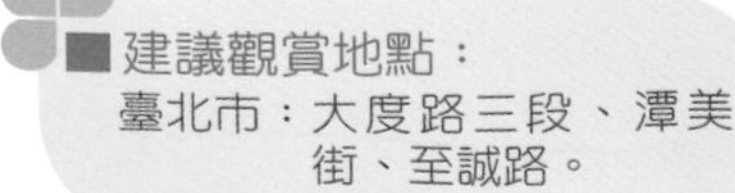

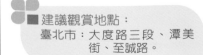

■建議觀賞地點：
臺北市：大度路三段、潭美街、至誠路。

→紫薇的樹幹為褐色，樹皮常會脫落，呈光滑的表面。

# 大花紫薇 *Lagerstroemia speciosa* (L.) Pers.

| | |
|---|---|
| 科名：千屈菜科 Lythraceae | 屬名：紫薇屬 |
| 英文名：Queen Crape Myrtle | 別名：大果紫薇、洋紫薇 |
| 生育地：熱帶平原 | 原產地：熱帶亞洲、澳洲 |

葉序  花序  花期 春 夏 秋 冬 果型 

大花紫薇爲落葉喬木，主幹直立，樹皮呈黑褐色，枝幹斜上生長，樹冠爲傘狀，高可達15公尺。春天萌發新芽，新芽爲黃褐色，具透明感，在陽光下有如秋天的黃葉，將原本光禿的枝椏妝點出閃爍的光彩，是春天賞葉的時刻。

新芽成長爲翠綠色的葉子，植株開始披被滿樹的綠意；大花紫薇爲單生葉，呈長橢圓形，體積頗大，成兩列對生於枝條，中肋明顯凸起，側脈則爲下凹，葉邊全緣，葉面平滑無毛。

↓大花紫薇樹形優美，綠葉茂盛，成排植株開出美麗花朵，增添都會景致。（臺北市：文德路）

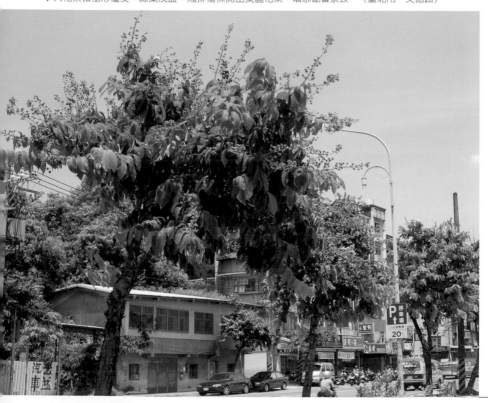

## 形｜態｜特｜徵

**樹種** 落葉喬木，主幹直立，枝幹斜上，樹冠呈傘狀，高可達15公尺。

**葉形** 單葉，長橢圓形，成兩列對生，中肋凸起，側脈下凹，平滑無毛。

**花序** 圓錐花序頂生，小花淡紫色。

**果型** 圓形蒴果，黃褐色。

夏天是開花的時刻，圓錐花序頂生於枝頭，花爲淡紫色，是同屬中較大型者，花瓣略呈皺形，在枝端朝上高舉，形成美麗花串；當遠望開花的植株，淡紫色花朵覆蓋枝頭，滿滿的花色將行車道點綴成花廊，美麗花形隨車留影。

秋天果實漸漸成熟，黃褐色的蒴果果形頗大，成熟時果皮縱裂，會露出黑色種子，老熟的果皮及花萼宿存，會等到落葉時才與葉片掉下地面。

冬天的寒意催促著落葉的時刻，但在飄零前，一齣絢麗的演出即將登場。因爲日夜溫差大，葉片開始由綠轉黃變紅，此時滿樹的秋紅在陽光穿透下，形成觀賞的紅葉植物，是都市中難得的北國秋紅，增添蕭瑟中的色彩。

↓大花紫薇為圓錐花序，頂生於枝條，常在樹稍形成花串。

↑大花紫薇為單生葉，長橢圓形，成兩行排列，中肋及側脈明顯。

↑大花紫薇的花朵是同屬中較大型的，淡紫色花瓣、紅色花絲、黃色花藥，相互搭配，引人注目。

↓ 大花紫薇的果實為圓形蒴果，初為綠色，成熟則為黃褐色，串串懸掛枝頭。

↑ 秋天葉色由綠轉黃變紅，大花紫薇在此刻成為都會中的秋紅。

■ 建議觀賞地點：
臺北市：研究院路二段、成功路二段、文德路。
嘉義市：啓明路、玉山路。

# 九芎 *Lagerstroemia subcostata* Koehne

| 科名：千屈菜科 Lythraceae | 屬名：紫薇屬 |
| --- | --- |
| 英文名：Subcostate Crape Myrtle | 別名：小果紫薇、拘那花 |
| 生育地：低海拔山麓 | 原產地：臺灣原生，亦分布華南、華中、琉球 |

葉序  花序  花期  果型 

九芎爲落葉喬木，主幹直立，枝幹於離地不高處生出，粗壯分歧，小枝柔軟，嫩枝略有絨毛；樹皮呈褐色常脫落，露出光滑的內皮，俗稱「猴不爬」。樹冠呈傘狀散生，易隨風飄動，高可達15公尺。

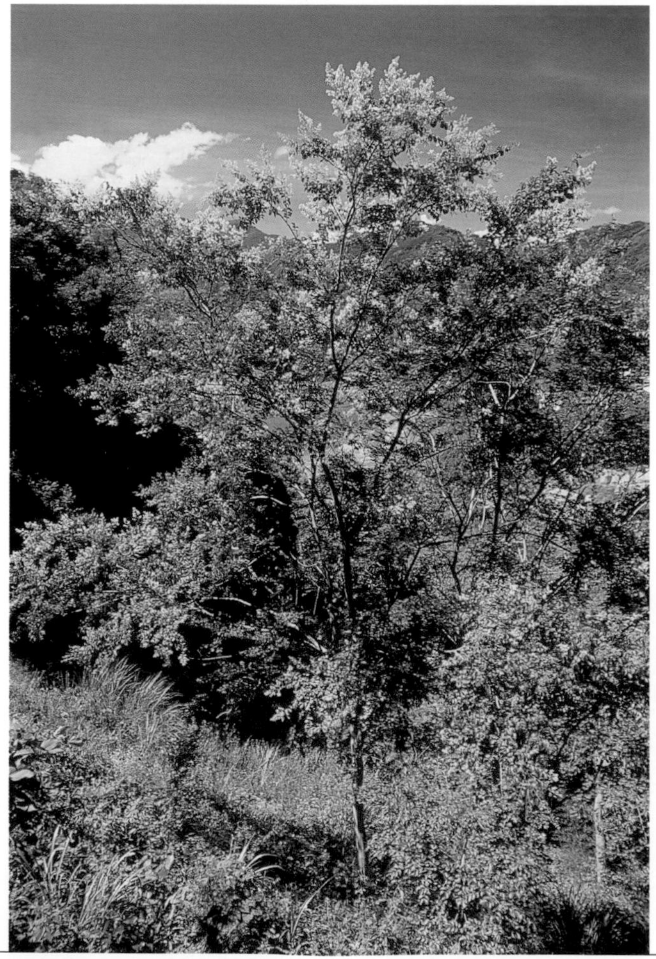

←九芎為落葉喬木，主幹直立，枝幹多且分歧，小枝柔軟，樹冠呈傘狀散生。

春天萌發新芽，葉形較小呈卵形，兩端漸尖，單生葉於枝條成兩排對生，並具有小葉柄；夏天綠葉濃密，與枝椏相間，生氣盎然；秋天則因早晚溫差大，葉片開始由綠轉紅，形成秋紅的賞葉時刻；冬天則褪去葉片，剩下禿枝等待萌芽時刻。

九芎於夏季開出圓錐花序，小花繁多，花瓣呈白色，基部瓣柄狀。因花序頂生，小花多且聚生，在綠葉的襯托下更為醒目；部分小枝下垂將花團展現在眼前，還略帶些許香氣，蜜蜂則穿梭於花間忙著採蜜。

九芎的果實為長橢圓形蒴果，蒴果頗小，故稱「小果紫薇」。初為綠色，成熟則為黃褐色。果實數量多，也將植株展現出結實纍纍的豐滿感。

九芎生性強健，耐瘠、耐旱、萌發力強，是綠美化的優良選擇。

→九芎的葉片為單生葉，對生於小枝上成排並列，具短柄，呈卵形。

## 形｜態｜特｜徵

| | |
|---|---|
| 樹種 | 落葉喬木，主幹直立，枝幹多且分歧，小枝柔軟，樹皮呈褐色，常脫落露出光滑的內皮，樹冠呈傘狀散生，高可達15公尺。 |
| 葉形 | 單生葉，對生於枝條成兩排，具短柄，卵形，兩端漸尖。 |
| 花序 | 圓錐花序，頂生，小花白色。 |
| 果型 | 長橢圓形蒴果。 |

↓九芎為圓錐花序，小花繁多呈白色，常隨著小枝垂下，隨風飄動。

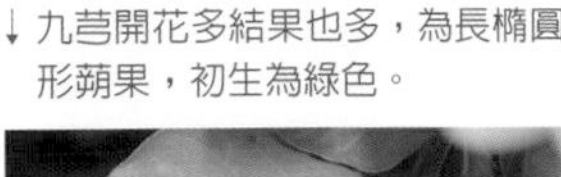

↓九芎開花多結果也多，為長橢圓形蒴果，初生為綠色。

←九芎的花朵小巧，細看為6片花瓣，基部成柄狀相連，造型特殊並帶有香氣。

→成熟的九芎蒴果呈褐色，會宿存於枝頭，老熟會開裂露出種子。

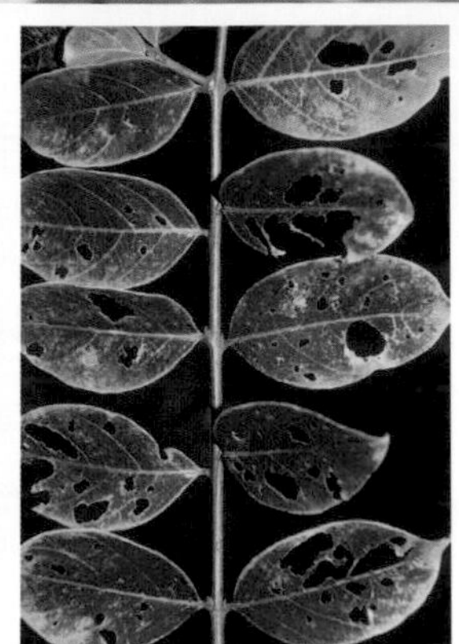

↑九芎為落葉喬木，綠葉於冬季掉落前會先轉為紅色，為植株帶來另一番色彩。

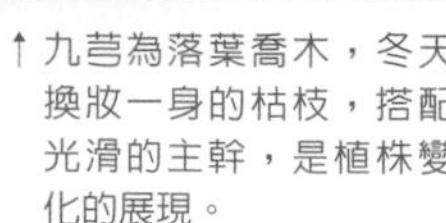

↑九芎為落葉喬木，冬天換妝一身的枯枝，搭配光滑的主幹，是植株變化的展現。

←九芎主幹直立，樹皮呈褐色，為片狀剝落，常常只剩光滑的紅色內皮。

■建議觀賞地點：
臺北市：研究院路二段。

# 洋玉蘭 *Magnolia grandiflora* L.

| | |
|---|---|
| 科名：木蘭科 Magnoliaceae | 屬名：木蘭屬 |
| 英文名：Southern Magnolia | 別名：泰山木、荷花玉蘭。 |
| 生育地：低海拔平原潮濕地。 | 原產地：北美 |

葉序 | 花序  | 花期   | 果型  

洋玉蘭爲常綠喬木，主幹直立，枝幹斜上生長，小枝多分歧，綠葉茂盛，廣覆樹木，樹形呈廣錐型，樹幹爲灰褐色，滿布疣點，樹高可達20公尺。春天萌發新葉，由枝端生出，爲翠綠色，具透光性，相間於墨綠老葉中，特別引人注目。

洋玉蘭的葉子爲單生葉，互生於小枝，常叢生於枝端；葉面橢圓形至卵圓形，新葉翠綠色，葉面柔軟，老葉墨綠色，葉面革質堅硬，葉面均具光澤性；葉背密披鏽色絨毛，新葉時尤爲醒目：葉邊全緣，並向葉背處反捲。

↓ 洋玉蘭主幹直立，滿布樹形自然，花果碩大，值得觀賞。

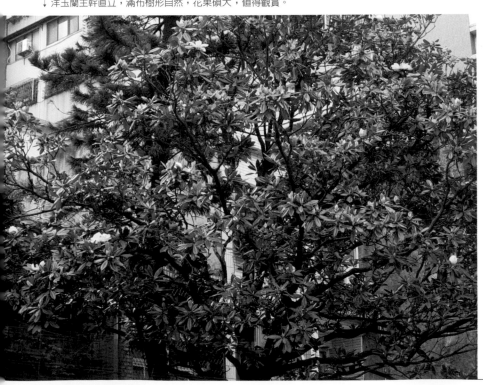

## 形｜態｜特｜徵

**樹種** 常綠喬木，主幹直立，枝幹斜上，小枝分歧，綠葉廣覆，樹幹呈灰褐色，樹形為廣錐型，高可達20公尺。

**葉形** 橢圓形至卵圓形，革質堅硬，葉面墨綠色帶光澤，葉背滿被鏽色絨毛，葉邊全緣，向葉背反捲。

**花序** 單生花，雌雄同株，花形碩大，白色，具香氣。

**果型** 蓇葖果，外皮初為紅色，成長則為粉白色。

初夏時於枝端生出白色花朵，爲雌雄同株的單生花，花形爲同屬植物中最大者，直徑約30公分，花被9至12片，具香氣；柱頭螺旋狀排列，雄蕊數多爲絲狀，盛開時有若荷花，故稱「荷花玉蘭」。

洋玉蘭於開花後不久，開始發育果實，此時白色花被片掉落一地。果實爲蓇葖果，外果皮爲多數覆疊而成，初爲紅色，漸次成長則爲粉白色。初生果實紅色明顯，搭配於綠葉中，展現植株不同的風采。

洋玉蘭爲陽性樹種，需充足日照，喜好潮濕土壤，生長迅速，易開花結果，能耐寒，抗污染，常爲公園、行道栽種的樹木。

←洋玉蘭的單生葉，常叢生枝端，新葉翠綠透光，清新悅目。

←洋玉蘭的葉片互生於小枝，於葉下觀察，葉背均密披鏽色絨毛。

→洋玉蘭的葉背均密披鏽色絨毛，新葉尤為醒目。

→洋玉蘭為單生葉，呈橢圓型，新葉翠綠色，老葉墨綠色。

→洋玉蘭為單生花，雌雄同株，白色，具香氣，花形碩大。

↓洋玉蘭的果實，初生時外皮呈紅色，在綠葉中彰顯風采。

←洋玉蘭的果實為蓇葖果，著生於枝端，果型碩大明顯。

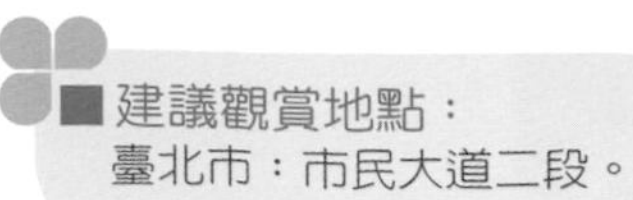

■建議觀賞地點：
臺北市：市民大道二段。

→洋玉蘭的樹幹呈灰褐色，其上滿布疣點。

# 白玉蘭 *Michelia alba* DC.

| 科名：木蘭科 Magnoliaceae | 屬名：含笑花屬 |
|---|---|
| 英文名：White Michelia | 別名：木筆、白玉蘭、白蘭花 |
| 生育地：熱帶平原 | 原產地：華南、印度、爪哇 |

葉序  花序 花期  果型 

白玉蘭爲常綠喬木或半落葉喬木，主幹短小，枝幹在近地面處分歧，枝幹粗壯，斜上生長，小枝數多呈綠色，具有明顯皮孔及環節。枝葉茂盛，樹形呈廣圓形，高可達20公尺。

春季老葉會漸次的掉落，遺留地面；初夏時，新的葉芽萌發，芽上披被灰細毛，互生於枝條；成熟葉的葉面寬廣，爲長橢圓形，呈翠綠色，葉片質厚具光澤，葉邊全緣，其葉柄基部膨大，有托葉的遺痕，葉片生長茂盛，常將植株覆蓋，形成美麗的翠綠色屏障。

←白玉蘭植株外形多變，其主幹短小，枝幹發達，樹冠廣圓形。

夏季單生花由葉腋處生出，爲雌雄同株，花蕾初生時爲綠色，呈紡錘狀，披灰細毛，花朵要綻放時，花苞會脫落，露出白色花被，具有強烈的花香；白花被尚未開裂時，通常被摘下作爲花材，在車行道上即可看到賣白玉蘭的小販。

白玉蘭白花被爲8片，開裂時呈肉質披針形，雌蕊呈螺旋狀，雄蕊數量多，圍在雌蕊下方，花的香氣可持續一、兩天，之後花被會逐漸變成茶褐色，香味即消失殆盡。在臺灣栽種的白玉蘭幾乎不會結果，因此不容易看到它的蓇葖果。

白玉蘭非常適應臺灣的生長環境，樹性強健，樹姿優美，白花清香，除了當作行道樹作爲綠色屏障外，開花的一股香氣撲鼻讓人感覺清新的思緒。

↑白玉蘭主幹直立，枝幹於較高處水平生長。

↑白玉蘭於春天萌發新葉，碩大的葉面有透光性，展現翠綠的清新。

## 形｜態｜特｜徵

**樹種** 常綠喬木或半落葉喬木，主幹短小，樹皮灰褐色，枝幹粗壯近地分歧，小枝綠色有明顯皮孔，並有清楚的環節，綠葉茂盛，樹形為廣圓形，高可達20公尺。

**葉形** 長橢圓形，葉面頗大，長約20公分，葉柄基部膨大，有托葉遺痕。

**花序** 單生花，雌雄同株，花白色，花被披針形，具香味。

**果型** 蓇葖果。

→白玉蘭為單生葉，長橢圓形，具透光性，互生於枝條。

←白玉蘭開花前，花苞為細長橢圓形，披綠色花萼包覆，小巧可愛。

↓白玉蘭的花苞成熟後萼片開落，白色花瓣露出，尚未綻放前呈紡錘狀。

↑白玉蘭已栽培為花材，在花瓣未開前摘下，作為經濟產物。

←白玉蘭的樹幹呈灰褐色，表面平滑，有粗短型及細長型，多因栽培的原因。

■建議觀賞地點：
臺北市：辛亥路七段、康樂街。

# 烏心石 *Michelia compressa* (Maxim.) Sargent

特有種

| 科名：木蘭科 Magnoliaceae | 屬名：含笑花屬 |
|---|---|
| 英文名：Formosan Michelia | 別名：烏知 |
| 生育地：海拔200公尺至2000公尺的山麓地 | 原產地：臺灣固產，亦分布日本、琉球 |

葉序 花序 
花期 
果型 

木蘭科的烏心石，主幹直立可達20公尺，灰褐色的樹皮略爲光滑，外皮爲紙質且脆，內皮爲纖維質，劈開時會變爲黃褐色，其中密布許多紅色的細胞團，讓人以爲木材心爲赤色，另外材質堅硬，故稱之爲「烏心石」，是貴重的家具建材。

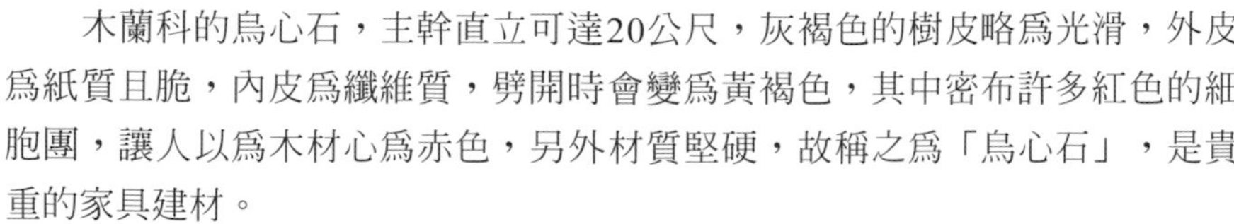

初春開始溫暖之際，烏心石開始長出花芽，花芽由葉腋處生出，披被著黃褐色絹毛，讓花開前就爲綠色植株妝點出不同色彩，也預告著花季的到來；腋生單一的花朵呈淡黃白色，具有清新優雅之姿，美麗的花朵還有濃郁的香氣。

↓烏心石為常綠喬木，主幹直立，枝幹橫生，小枝略下垂，樹冠呈橢圓形。（臺北市：仁愛路四段）

## 形｜態｜特｜徵

**樹種** 常綠喬木，樹幹直立高可達20公尺，樹冠呈橢圓形。

**葉形** 單葉互生具革質，披針形或長橢圓形，全緣。

**花序** 單生花腋生，花淡黃白色，具香氣。

**果型** 蓇葖果。

夏季植株濃綠樹冠呈橢圓形，由繁茂的枝葉構成，小枝條有明顯的環節，葉片為長橢圓形，互生於枝條，生長茂密，幼芽披被褐色絹毛交錯在綠色中，讓植株整年保持常綠的狀態。

秋天的果實為有特色的蓇葖果，群生於長果軸上，形狀為球形，表面鏽褐色具有許多斑點，種子為扁平闊卵形，為鳥類喜愛吃食的果子。

烏心石樹形整齊，植株耐陰，枝葉翠綠濃鬱，開花時香氣散發，當作行道樹是極具觀賞的植栽，當一排烏心石展開植株的風華，讓水泥色的車行道增添溫馨色彩。

↓烏心石的葉片互生小枝上，小葉為披針形，革質光亮，小枝柔軟下垂。

↓烏心石為單生葉，互生於枝條，葉面綠色，葉背翠綠色。

←烏心石開花前，花芽被黃褐色的絹毛包覆，點綴出不同的色彩。

→烏心石的花朵嬌美，還具有花香，常吸引昆蟲前來採蜜。

↓烏心石開出淡黃白色的花朵，數量雖多但常被綠葉遮蔽，不易觀賞。

↑烏心石於春天開花，單生花由葉腋處生出，花淡黃白色，具香氣。

↑烏心石的果實為蓇葖果，群生於果柄上，初為綠色，成熟則為鏽褐色，表面具斑點。

建議觀賞地點：
臺北市：北平西路、仁愛路四段、經貿路二段。

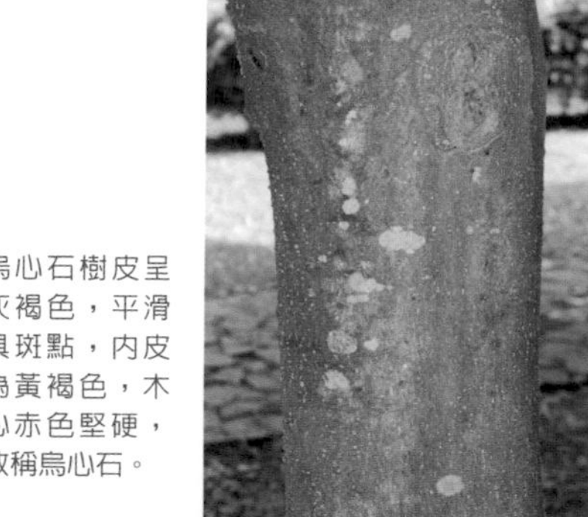

→烏心石樹皮呈灰褐色，平滑具斑點，內皮為黃褐色，木心赤色堅硬，故稱烏心石。

錦葵科

# 黃槿 *Hibiscus tiliaceus* L.

| 科名：錦葵科 Malvaceae | 屬名：木槿屬 |
| --- | --- |
| 英文名：Linden Hibiscus | 別名：粿葉、鹽水面頭果 |
| 生育地：濱海地區 | 原產地：臺灣原生，亦分布太平洋群島，東南亞，印度等 |

葉序  花序  花期 春 夏 秋 冬 果型 

黃槿爲常綠喬木，主幹直立，枝幹多分歧，樹皮灰白色，老皮具縱裂紋，其枝葉茂密，樹冠呈傘形，高可達10公尺。春天萌發新芽，闊卵心形的單葉互生於枝條上，具托葉與葉柄且都披毛，葉尖銳形，葉基心形，葉面革質，葉背披星狀絨毛，葉邊全緣或波浪緣，具明顯的掌狀葉脈。

春末聚繖花序頂生或腋生於枝條，鐘形花爲黃色，內部中心則爲暗紅色，吸引昆蟲前來訪花吸蜜。雄蕊結合成束，具花萼裂片呈披針形。黃色花朵在陽光下，散發迷人風采，一朵花謝後接著一朵花開，花期直到秋天，點綴出植株嬌柔的一面。

↓ 黃槿樹姿優雅，成排行列於行道旁，綠美化街道的剛硬。

闊葉樹

秋天是果實發育期，闊卵形的蒴果在綠葉叢中長出，呈黃褐色，進入冬季蒴果成熟，披被粗毛的果皮裂開，腎形黑色種子露出，遇風吹散，尋找生育的環境，裂開的蒴果常宿存枝頭與新葉嬌花同在。

黃槿枝葉扶疏，花朵碩大美觀，生長強健，耐鹽、耐乾、抗風，原爲濱海地區的植物，在海邊常栽種爲行道樹，作爲防風、防潮、定沙之用。

## 形｜態｜特｜徵

**樹種** 常綠喬木，主幹直立，枝幹多分歧，樹冠呈傘形，高可達10公尺。

**葉形** 單葉互生，革質，心形，葉尖銳形，葉基心形，葉邊全緣或波浪緣。

**花序** 聚繖花序，黃色，花內中心暗紅色，雄蕊成束。

**果型** 蒴果，闊卵形，黃褐色，成熟果皮5裂。

←黃槿為單生葉，互生枝條，葉面呈心形，先端尖，基部圓，冬季部分呈紅葉。

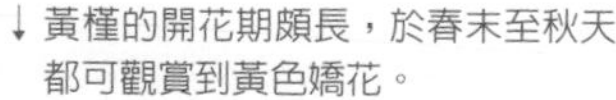

↓黃槿的開花期頗長，於春末至秋天都可觀賞到黃色嬌花。

←黃槿為聚繖花序，花苞漸次開展，花瓣黃色，中心則為暗紅色，雄蕊成束，柱頭分叉。

↓黃槿結果頗多，果柄常伸出綠葉，點綴出結實纍纍的豐碩。

→黃槿為闊卵形蒴果，成熟為黃褐色，表皮會開裂露出種子。

←黃槿樹幹粗壯，樹皮呈灰白色，老幹表面具縱裂紋。

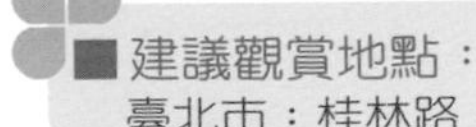

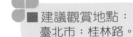

■建議觀賞地點：
臺北市：桂林路。

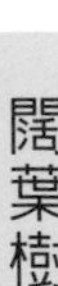

# 苦楝 *Melia azedarach* Linn.

| | |
|---|---|
| 科名：楝科 Meliaceae | 屬名：楝屬 |
| 英文名：China Berry tree | 別名：苦苓、楝樹 |
| 生育地：臺灣低海拔平原與山麓向陽地 | 原產地：臺灣原生，亦分布華中、華南、日本、印度 |

葉序  花序 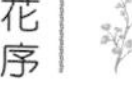 花期 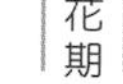     果型  

←苦楝傘狀的樹形在春天長出滿樹的翠綠，植株主幹直立高大，枝幹斜生，是賞樹的好選擇。（高雄市：河東路）

經過一季嚴寒的冬藏，苦楝光禿的枝幹開始紛紛冒出嫩綠的新葉，不久滿樹的綠意展現開來，羽狀複葉的小葉呈卵狀披針形，鋸齒葉緣常爲羽狀淺裂，剛生出時爲清新的翠綠，在樹下透過陽光，張開的樹冠布滿柔美嬌嫩的葉姿，是一種賞樹的角度。

初春隨著新葉，圓錐花序由長花梗伸出，開滿淡紅紫色的花朵，紅紫色與翠綠色交錯在苦楝的植株上，展現一季植物的風華。觀賞之餘深深呼吸，一股清香撲鼻而來，花香花色讓人印象深刻。

夏季的苦楝，美麗花兒消失不見，換妝成一樹濃鬱的綠色，此時高大傘狀的樹冠成爲最佳的遮蔭場所，當微風吹拂，綠葉飄逸搖晃，給人輕鬆爽朗之感。

## 形｜態｜特｜徵

| | |
|---|---|
| 樹種 | 落葉喬木，主幹直立，枝幹斜上伸出，傘狀樹冠，高約20公尺。 |
| 葉形 | 二至三回羽狀複葉，小葉對生，細鋸齒緣。 |
| 花序 | 圓錐花序，小花淡紅紫色，花瓣離生，花絲連成筒狀。 |
| 果型 | 橢圓形核果，果黃熟，種子長橢圓形。 |

深秋果實開始成長，橢圓形核果由綠色轉爲黃色，此時開始落葉，最後枝頭上只掛著熟透的果實，果實成串懸掛玲瓏可愛，在藍天的陪襯下，更顯熟透的金黃，這是苦楝一年最後美麗的演出，不久就是冬季一樹的光禿，枝椏上只見疏落的老果，寒風中略見寂寥。

苦楝樹形優美，四季明顯展現不同風華，作爲行道樹有如將自然帶入都會，柔化人們的視覺，也爲人文景觀帶來些許綠意。

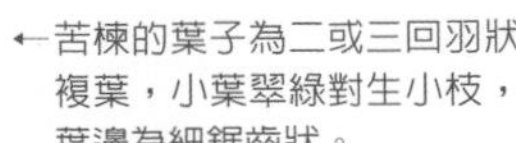

←苦楝的葉子為二或三回羽狀複葉，小葉翠綠對生小枝，葉邊為細鋸齒狀。

→苦楝於春末夏初開花，呈圓錐花序，為雌雄同株，小花淡紫色，花瓣細長離生，花絲連成筒狀。

↓秋季時苦楝果實開始成長，為橢圓形核果，初為綠色，成熟時為黃色，宿存枝頭。

↓苦楝為落葉喬木，冬天樹葉掉光，宿存成熟的黃果，黃果串串懸掛枝頭，又是植株另一面的表現。

↑老成的苦楝也會長成巨木，粗壯的主幹，斜生的枝幹，搭配起來有如歲月的印記。

■建議觀賞地點：

臺北市：信義路五段、堤頂大道。

臺北縣：淡水鎮堤岸人行道(魚市場至郵局段)。

高雄市：河東路。

↑冬天的苦楝黃果纍纍，行走在苦楝道上，欣賞它最後一季絢爛的演出。

←苦楝樹幹呈暗褐色，樹皮有交叉的縱紋，外形完整少有剝落。

# 大葉桃花心木 *Swietenia macrophylla* King

| 科名：楝科 Meliaceae | 屬名：桃花心木屬 |
| --- | --- |
| 英文名：Honduras Mahogany | |
| 生育地：熱帶平原 | 原產地：中美洲 |

葉序  花序  花期 春 夏 秋 冬 果型 

大葉桃花心木樹形優美，為常綠喬木，全株光滑，小枝具有明顯的皮孔；綠葉茂密生長，為偶數羽狀複葉，小葉對生為斜卵形；枝幹與樹葉相生，呈現完整的橢圓形植株，栽種於行車道旁，眺望它有清爽宜人的感覺。

大葉桃花心木的木材為淡紅褐色，有如桃花的色澤，故而稱之為「桃花心木」，經濟上是高級家具的上等材料。

春天植株除了墨綠的老葉外，也會萌生嫩綠的新葉，墨綠中妝點新綠，讓大葉桃花心木在新的一季展現生命的律動。

初夏時節，聚繖圓錐花序開始著生於葉腋上部，黃綠色花朵雖小，但是數量頗多，這時也讓大葉桃花心木表現出嬌豔的一面。風吹花落，也常見到大樹下許多小花落下，是落英繽紛的景象。

↓ 大葉桃花心木樹形直立，當作行道樹成排直列，綠化行車時的視覺。

## 形｜態｜特｜徵

**樹種** 常綠喬木，高可達20公尺，植株呈橢圓形。

**葉形** 偶數羽狀複葉，小葉3～7對，斜卵形，先端漸為尖尾狀。

**花序** 聚繖圓錐花序，小花密生為黃綠色。

**果型** 卵形蒴果，木質，體型頗大，種子多達50有餘且具長翅。

秋天是果實成熟的季節，大葉桃花心木的花兒雖小，但是卻結出碩大的果實；蒴果呈卵形，懸掛在枝幹上爲深褐色，外表具有5條縱裂，成熟時會從基部裂開，而其中的種子帶有長翅，隨著風吹飛散四處，藉此傳播種子。

性喜高溫耐旱的大葉桃花心木在南臺灣較適合栽種，其生長快速，不到10年即成大樹，除了當作優美的行道樹外，也是高級木材的最佳選擇。

↓大葉桃花心木為常綠喬木，春天萌發新葉，難得看到如此鏽紅色的葉片。

↑大葉桃花心木為偶數羽狀複葉，葉序長，葉面大，小葉長卵形，先端漸尖，成熟葉為墨綠色。

↑大葉桃花心木果實碩大，為木質卵形蒴果，呈黃褐色，成熟會裂開露出種子。

←大葉桃花心木為聚繖圓錐花序，小花密生呈黃綠色，因樹高葉密花小，開花時不易觀察。

←大葉桃花心木的木質蒴果成熟後掉落地面，表面開裂露出褐色種子，種子數多帶有長翅。

↓大葉桃花心木樹幹呈黑灰色，平滑略有不規則剝裂，內材為淡紅褐色，為高級家具材。

■建議觀賞地點：
臺北市：環河北路三段、新生南路三段。
新竹市：經國路。
臺中市：博館路、工學二街。
嘉義市：世賢路。
高雄市：九如一路至四路、華夏路、七賢二路。

# 波羅蜜 *Artocarpus heterophyllus* Lam.

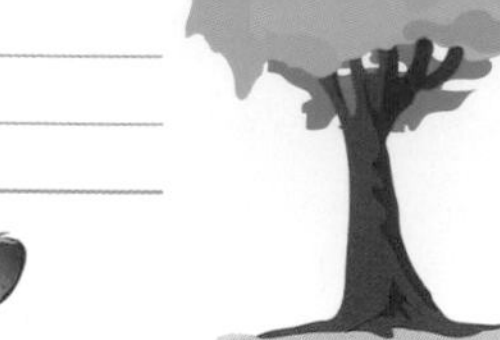

| | |
|---|---|
| 科名：桑科 Moraceae | 屬名：麵包樹屬 |
| 英文名：Jack Fruit | 別名：天波羅、將軍木 |
| 生育地：熱帶平原 | 原產地：印度 |

葉序  花序  花期   春 夏 秋 冬 果型 

波羅蜜爲常綠喬木，主幹直立粗壯，枝幹近地面處斜上生長，小枝多分歧，枝幹具乳汁，木材質堅可做家具，樹冠呈橢圓形，高可達20公尺。春天萌發新芽，單生葉互生枝條，葉形爲倒卵形，先端漸尖，葉基楔形，具葉柄，托葉早落，葉面厚質光亮，爲深綠色，葉背則爲淺綠色，葉邊全緣。

春至夏季爲開花期，爲雌雄同株異花，雄花較多生於莖端，呈褐色爲圓柱狀；雌花相對較少，生於主幹或老枝上，呈綠色爲長圓形，表面爲顆粒狀。波羅蜜是典型的幹生花，此乃熱帶雨林植物的特徵。

←波羅蜜主幹直立，枝幹近地面斜生，綠葉覆蓋植株，樹冠呈橢圓形。

　　發育中的果實於秋天成熟，爲長橢圓形聚合果，表面具短鈍尖六角形刺，原爲一顆顆花朵所形成，果實具短粗果柄，將碩大果實懸掛於枝幹上，內果肉爲假種皮，富含營養可食，亦可做果醬、果汁、果乾，種子烤熟後可食用。

　　波羅蜜已栽培爲經濟水果，果實成熟後可發育至50公斤，堪稱水果之王，由於聚合果奇特的生長，也增添了行道樹種的變化。

## 形｜態｜特｜徵

**樹種** 常綠喬木，主幹直立粗壯，枝幹近地面處斜生，小枝多分歧，樹冠橢圓形，高可達20公尺。

**葉形** 單生葉，互生，具葉柄，厚質光亮，倒卵形，先端漸尖，基部楔形，葉邊全緣。

**花序** 雌雄同株異花，雌花序綠色呈圓形狀，生於主幹或老枝上；雄花序褐色圓柱狀，生於莖頂。

**果型** 長橢圓形聚合果，表面具短鈍尖六角形刺。

←波羅蜜為常綠喬木，單生葉互生於枝條，厚質光亮，呈倒卵形，葉脈明顯呈黃色。

↑波羅蜜的花序將要伸出時，綠色花苞變成褐色開裂，花開時花苞脫落。

↓波羅蜜為雌雄同株異花，雌花綠色長圓形，雄花褐色圓柱狀。

←波羅蜜的綠葉花苞、綠色雌花、褐色雄花，會生長在樹幹上。

↑波羅蜜的果實為長橢圓形聚合果，顆粒碩大為水果之王，表面黃綠色滿布短鈍尖刺。

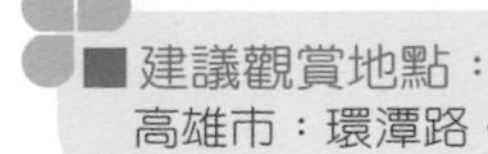

■建議觀賞地點：高雄市：環潭路。

←波羅蜜主幹粗壯直立，樹幹呈灰色，表面平滑具白色斑塊。

# 麵包樹 *Artocarpus incisus* (Thunb.) L. F.

| 科名：桑科 Moraceae | 屬名：麵包樹屬 |
| --- | --- |
| 英文名：Bread-fruit Tree | 別名：麵磅樹 |
| 生育地：熱帶平原 | 原產地：太平洋諸島 |

葉序  花序    花期  春 夏 秋 冬 果型

←麵包樹樹形高大，給人穩重莊嚴之感。

↑ 麵包樹的樹葉寬廣，葉脈明顯，透過陽光，展現翠綠的色彩。

↑ 麵包樹的新芽有黃色葉托包覆，嫩葉由其中伸出。

麵包樹碩大的果實為聚合果，外形呈球狀或橢圓狀，果實表面滿布顆粒狀突起，其肉質肥大具有油脂，成熟時為金黃色，高掛樹上頗為醒目，果實可燒烤食用，其味如麵包，因此得麵包樹之名，為熱帶地區居民的主食之一，在臺灣則少有人食用。

麵包樹為常綠喬木，樹幹直立可高達20公尺，樹形呈波浪圓形狀，其葉廣卵形，寬大易見，互生於枝條先端，葉邊為全緣或為掌狀羽裂，葉面紙質有光輝，葉柄粗大，脫落後留有明顯葉痕，新芽不斷生出，先有淡黃色葉托包覆，再成長為嫩綠的新葉。麵包樹的大葉也是令人印象深刻的景象。

## 形｜態｜特｜徵

| | |
|---|---|
| 樹種 | 常綠喬木，樹幹直立，樹呈波浪圓形狀，高可達20公尺。 |
| 葉形 | 單葉互生，廣卵形，葉邊全緣或羽狀掌裂。 |
| 花序 | 雌雄同株異花，雄花長穗狀花序，雌花球形頭狀花序。 |
| 果型 | 聚合果。 |

麵包樹從生苗栽培起，大約6～8年才會開花結果，花序為雌雄同株異花，雄花為長穗狀花序，雌花則為球形頭狀花序，果實為多杜頭發育的聚合果。

麵包樹常年綠意盎然，為陽性樹種，樹形美觀，可作觀葉植物，當作行道樹耐風、耐塵，是都市綠化的好選擇。

↑麵包樹的小枝柔軟，具環狀及橢圓形紋，橢圓形紋是葉柄脫落的痕跡。

→麵包樹的雄花為穗狀花序呈金黃色，其上滿布花藥以供傳粉。

←麵包樹的雌花為頭狀花序，聚集許多伸出的花柱等待授粉。

↑麵包樹最富變化的是結滿果實，碩大金黃色的聚合果將植株妝點豐收的喜悅。

←麵包果為球狀聚合果，肉質肥大內含油脂，可烤熟食之。

←麵包樹主幹直立，樹幹呈灰色光滑，略有條狀深灰色紋。

**建議觀賞地點：**

臺北市：民權東路二段。

羅東鎮：公正路。

臺南市：新建路。

高雄市：中華五路、和平二路、凱旋二路。

# 構樹 *Broussonetia papyrifera* (L.) L'Herit. *ex* Vent.

特有種

| 科名：桑科 Moraceae | 屬名：構樹屬 |
|---|---|
| 英文名：Kou-shui、Paper Mul-berry | 別名：鹿仔樹、奶樹 |
| 生育地：低海拔平原荒野 | 原產地：臺灣固產，亦分布華中、華南、日本、馬來等地 |

葉序 花序  花期    春 夏 秋 冬 果型 

構樹爲落葉喬木，主幹直立，枝幹分歧，樹皮平滑呈灰褐色，有紅色斑點，樹皮纖維質多，心材輕軟，是爲造紙材料。全株具乳汁，幼枝披密毛，樹冠呈傘狀，高可達20公尺。

春天萌發新芽，單生葉互生枝條，具葉柄，托葉披針形，葉面紙質粗糙，葉背密披細毛，是爲保溫功效，葉緣多鋸齒狀；構樹葉形多變，幼葉時具3～5深刻裂紋，成葉則爲卵狀心形。以前葉片多爲養鹿的食物，故有「鹿仔樹」的別稱。

↓構樹為落葉喬木，主幹直立，枝幹多分歧，樹冠呈傘形。

↑ 構樹結果株。

←構樹為單生葉，葉形變化大，幼葉為3～5深刻裂紋，葉緣細鋸齒狀，密披細毛，以前當作養鹿的食物。

## 形｜態｜特｜徵

**樹種** 落葉喬木，主幹直立，枝幹分歧，樹皮灰褐色，具紅色斑點，樹冠呈傘形，高可達20公尺。

**葉形** 單生葉，互生，具長柄，葉形多變，有深刻裂紋，及卵狀心形，葉緣多鋸齒。

**花序** 雌雄異株，雄花序為葇荑花序，小花白綠色；雌花球形，為頭狀花序，花絲白色。

**果型** 球形聚合果，成熟為紅色。

春夏時爲開花期，構樹是雌雄異株，雄花葇荑花序，腋生葉下，呈長條狀下垂，小花白綠色；雌花則爲頭狀花序，呈球形白色柱頭包覆。花粉是由風兒媒介傳至雌株發育成果實。

構樹果實發育成熟是爲聚合果，紅色的球形果實具甜味，其漿汁可食用，常吸引蝴蝶與甲蟲的青睞，也是構樹展現魅力的時刻，紅果掛滿植株，增添樹木顏色的風采。

←構樹的雄株開出葇荑花序，是為白綠色雄花序，呈長條狀下垂於葉腋處。

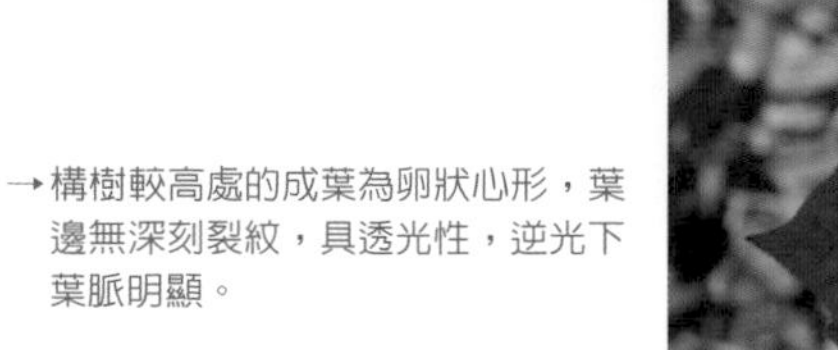

→構樹較高處的成葉為卵狀心形，葉邊無深刻裂紋，具透光性，逆光下葉脈明顯。

↑構樹的雌花序為球形，由絲狀長花柱包覆，外形呈白色。

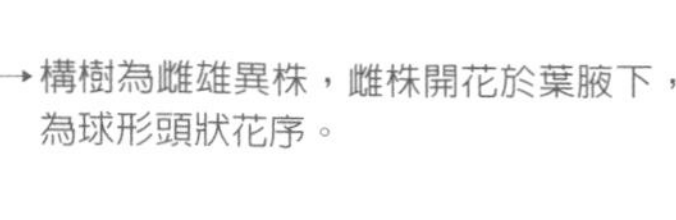

→構樹為雌雄異株，雌株開花於葉腋下，為球形頭狀花序。

↑受粉後的構樹雌株發育為聚合果，初為圓形綠色，成熟時外果肉紅色，具甜味漿汁。

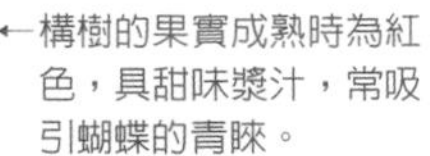

←構樹的果實成熟時為紅色，具甜味漿汁，常吸引蝴蝶的青睞。

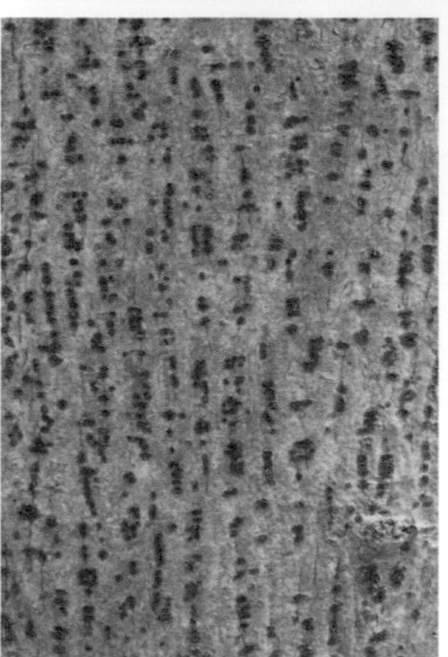

←構樹樹皮平滑，呈灰褐色，滿布紅色斑點，質軟具纖維，可當製紙材料。

建議觀賞地點：
臺北市：水源路、天玉街。

# 印度橡膠樹 *Ficus elastica* Roxb.

| 科名：桑科 Moraceae | 屬名：榕樹屬 |
| --- | --- |
| 英文名：Assam Rubber-tree | 別名：緬樹、印度膠樹 |
| 生育地：熱帶平原 | 原產地：印度、爪哇、馬來西亞 |

葉序  花序  花期 春 夏 秋 冬   果型 

印度橡膠樹爲常綠喬木，枝幹從主幹約一人高處生出，然後向四周延伸，也有部分枝條垂下，枝幹易生出氣根，作爲吸收空氣水分之用，搭配茂盛的綠葉，整個植株爲綠意所覆，呈現高大的綠葉叢木。

印度橡膠樹的葉片寬大明顯，單葉互生於枝條上，爲橢圓形或爲長卵形，其先端有突尖，葉基爲圓形，葉邊全緣；中肋明顯呈淡黃色，葉面具革質有光輝。

←印度橡膠樹樹形高大，枝幹多下垂，綠葉茂密，葉形碩大，在行道上常以大樹之姿矗立。

新芽爲全年萌發，先由紅色托葉包覆，再伸出長成新綠嫩葉，紅色的新芽在萬綠中呈現，是印度橡膠樹常年的景致，也是人們最有記憶的印象。印度橡膠樹栽培種甚多，有乳白色、乳黃斑紋等，大都是葉色的變化，因此成爲觀葉的植物，其原先作爲取橡膠原料的功能，但已被膠汁豐富的巴西橡膠樹所取代。

印度橡膠樹的花爲隱頭花序，小花密生由花托包覆，傳粉後發育的果實爲隱花果，成熟時呈紫黑色，花果在茂密的綠葉中不甚起眼，植株還是以葉片爲主要外形。

## 形｜態｜特｜徵

**樹種** 常綠喬木，枝幹向四周伸出，高可達20公尺。

**葉形** 單葉互生於枝條，橢圓形或長卵形，先端突尖，厚革質，葉邊全緣。

**花序** 隱頭花序。

**果型** 隱花果長橢圓形，成熟果為紫黑色。

←印度橡膠樹新芽萌發，先由紅色的托葉包覆，再伸出綠葉，讓人印象深刻的是它紅色的托葉。

↓印度橡膠樹為常綠喬木，樹形為圓形散生狀，長枝條向四周下垂，搭配大形葉片，造型令人印象深刻。

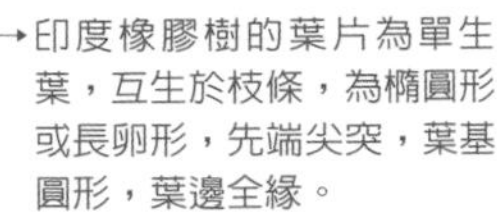

→印度橡膠樹的葉片為單生葉，互生於枝條，為橢圓形或長卵形，先端尖突，葉基圓形，葉邊全緣。

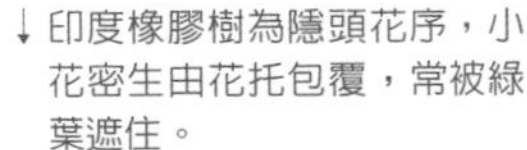

↓印度橡膠樹為隱頭花序，小花密生由花托包覆，常被綠葉遮住。

→印度橡膠樹為隱花果，小果聚生，初為黃綠色，成熟為紫黑色。

↓印度橡膠樹的樹幹呈白灰色滿布結點，具枝柱根與鬚根，常被下垂枝葉所遮蔽。

■建議觀賞地點：

臺北市：文林北路、承德路六段、民權東路四段。

臺中市：臺中公園。

高雄市：中華一路、大順一路、左營大路。

# 黃金榕 *Ficus microcarpa* L. f

| 科名：桑科 Moraceae | 屬名：榕樹屬 |
| --- | --- |
| 別名：黃心榕、黃葉榕 | |
| 生育地：臺灣全島平原 | 原產地：臺灣栽培種 |

葉序 ｜ 花序  ｜ 花期    ｜ 果型 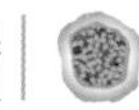

黃金榕作爲行道樹，所見到的樹形多爲矮小的灌木狀，其實它爲常綠喬木，植株高可達6公尺，是庭園栽培種，栽種爲行道樹或綠籬時，大都被修剪成矮灌木狀。

黃金榕的葉片爲單葉倒卵形，互生於枝條上，葉面呈金黃色，當整株金黃色葉子茂密生長，在陽光下顯得特別燦爛耀眼，引人注目；尤其在春天萌發新葉時，半透明的金黃色在微風中閃爍光芒，是春天最生動的畫面。

↓ 黃金榕當作行道樹，雖然大都是葉子的呈現，但是有黃、綠兩色相間，產生層次的變化。

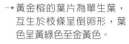

→黃金榕的葉片為單生葉，互生於枝條呈倒卵形，葉色呈黃綠色至金黃色。

←黃金榕於春天萌發新芽，此時石牆蝶的幼蟲會出現，並大啖黃金榕的嫩葉。

黃金榕的新葉清新嬌嫩，除了給人爽朗的視覺外，也是昆蟲的可口食草：每年春夏之際，黃金榕開始生長新葉，石牆蝶會在嫩葉下面產卵，等幼蟲孵化後，即在黃金榕的葉子上大肆吃食，此時可觀察到有著可愛犄角的石牆蝶幼蟲，幾番蟲齡後，也在黃金榕上結蛹，並羽化成爲美麗的蝴蝶。

黃金榕於初夏時會開出隱頭花序，在全年生長成隱花果，但實際上不易見到，因爲當作栽培種常常被修剪，來不及開花結果。

黃金榕爲陽性樹種，喜歡高溫多濕，日照愈是強烈，葉色愈是金黃明豔，給人活潑的色彩，植株生性強健，耐旱、耐塵、可塑性大，非常適合與高大行道樹搭配，以增添行道樹的層次。

## 形｜態｜特｜徵

| | |
|---|---|
| 樹種 | 常綠喬木，高可達6公尺。 |
| 葉形 | 單葉倒卵形或橢圓形，厚革質，葉邊全緣。 |
| 花序 | 隱頭花序。 |
| 果型 | 隱花果。 |

↓ 黃金榕為桑科榕屬，為隱頭花序及隱花果，小花及發育的果實皆被膨大花托所包覆。

↑ 黃金榕的樹幹常被矮化，樹皮呈灰褐白色，表面平滑。

■ 建議觀賞地點：

高雄市：中正一至二路、中華一至二路、中山二至四路。

屏東市：和生路、和平路、復興南路、自由路。

# 榕樹 *Ficus microcarpa* L. f. var. *microcarpa*

| | |
|---|---|
| 科名：桑科 Moraceae | 屬名：榕樹屬 |
| 英文名：Marabutan | 別名：正榕 |
| 生育地：臺灣全島平地 | 原產地：臺灣原生，亦分布華南、日本、印度、馬來、菲律賓、澳洲 |

葉序  花序  花期    果型 

榕樹爲常綠喬木，樹幹粗壯，枝葉茂盛，樹冠呈傘形，樹高可達20公尺，提供了行道的最佳遮蔭，而且又能吸收大量噪音，同時極耐灰塵，是美化都市的優良樹種，在臺灣屬於各地最常見的行道樹。

榕樹的主幹分枝多，而枝幹常有細長的氣生根垂下，宛若老人家的長鬍鬚，微風吹過，樹鬚隨風飄逸，讓不動的榕樹活躍起來，氣根的作用是幫助榕樹吸收空氣中的水分，當氣根接觸地面會形成較粗的支柱根，幫忙撐起榕樹龐大的身體，而榕樹的支柱根發達，則會絞殺陪伴生長的其他植物。

↓ 榕樹是行道樹中最易見到的樹種，四季都保持綠色的遮蔭，並以耐旱、耐熱，耐污見長，綠化了水泥高樓。

↑榕樹的枝幹交錯生長，綠葉茂密，為最佳遮陽的屏風，也是熱天乘涼的好所在。

→榕樹的葉子常綠，呈倒卵形，單葉互生於枝條，革質有光澤，葉邊全緣。

榕樹的葉片爲倒卵形，具革質，葉邊全緣，單葉互生於枝條，新葉初生時爲翠綠色，長成則爲墨綠色，全年植株均爲常綠。春天時開出特別的隱頭花序，淡綠色的小花由膨大的花托包覆，形成看不到花的花序。

榕樹的隱頭花序由榕小蜂授粉，於是果實發育爲球形的隱花果，果色由綠轉黃或紫紅而成熟，此時飛鳥群聚採食，榕樹上吱吱喳喳地好不熱鬧，如此鳥兒也將種子帶離，利用排便將種子散播四處，讓榕樹得以繁衍後代，一般我們常見外牆上長出小榕樹，就是飛鳥的傑作。

## 形｜態｜特｜徵

| | |
|---|---|
| 樹種 | 常綠喬木，樹幹粗壯，樹冠圓傘形，高可達20公尺。 |
| 葉形 | 單葉互生，倒卵形，革質，全緣。 |
| 花序 | 隱頭花序，小花淡綠色，隱藏在花托內。 |
| 果型 | 倒卵形隱花果。 |

→榕樹的果實為球形隱花果，是在花托內發育而成，初為綠色，成熟為紅色，內含果漿，吸引飛鳥的啄食。

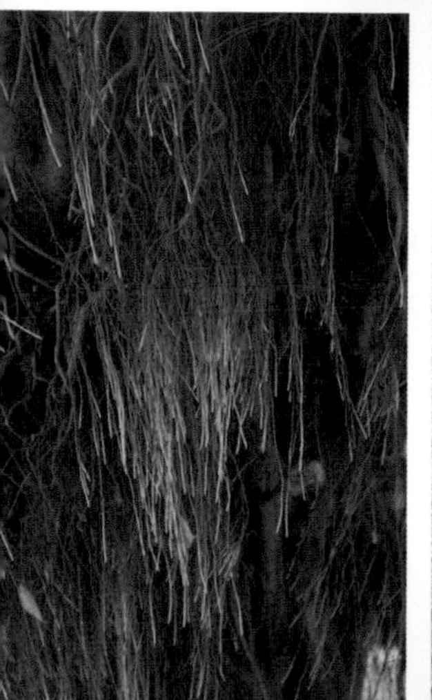

←榕樹的樹幹為灰褐色，主幹粗壯，為光滑型略有小節點，枝幹的氣生根常會匍匐於主幹上。

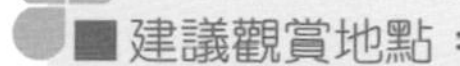

■建議觀賞地點：

臺北市：舊宗路一段、南京東路五段、仁愛路四段。

臺中市：崇德路、大容東西街。

高雄市：大中二路、鼓山三路、中鋼路。

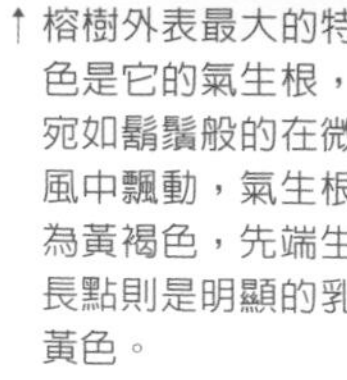

↑榕樹外表最大的特色是它的氣生根，宛如鬍鬚般的在微風中飄動，氣生根為黃褐色，先端生長點則是明顯的乳黃色。

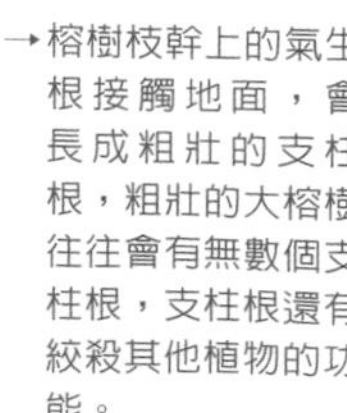

→榕樹枝幹上的氣生根接觸地面，會長成粗壯的支柱根，粗壯的大榕樹往往會有無數個支柱根，支柱根還有絞殺其他植物的功能。

# 菩提樹 *Ficus religiosa* L.

| 科名：桑科 Moraceae | 屬名：榕屬 |
|---|---|
| 英文名：Botree、Peepul Tree | 別名：畢本羅樹、思維樹、覺樹 |
| 生育地：熱帶平原 | 原產地：印度、緬甸、斯里蘭卡 |

葉序　花序 　花期   　果型  

高大的菩提樹在都會行車道旁，交織成遮蔭的綠色隧道，其葉片為闊卵形，先端有細長披針狀的尾尖，當有微風吹過時，葉片飄搖好像魚兒般的在天空中悠游，葉面革質發亮，會將陽光反射地面，有如菱鏡般閃爍光芒，這也是另一種不同的風貌。

春天的菩提樹先看到的是落葉期，全株只剩光禿枝椏直伸天際，讓人以為冬天還未結束呢！但是不久新葉卻緊接著萌發，新葉嬌嫩透明有如薄翼，質感柔和且呈粉紅色，一排排新葉的菩提樹在藍天搭配下展現春天的色彩，是一整年最具風情的時刻。嫩葉清新素雅，呈現心型，製作成葉脈標本十分美觀。

↓夏天的菩提樹生長強健，綠葉茂密，常在車行道旁成為遮蔭的大樹。

↓冬天的菩提樹，葉片落光只剩禿枝，成排植列的禿枝，成為車行道的特殊景象。

時序延伸至夏天，新葉的粉紅開始轉成綠葉，然後逐漸濃密且變得厚實，回復到遮蔭時的模樣，此時葉腋生出無柄的隱頭花序且被花托包覆著，經過榕小蜂的傳遞花粉，不久會成長爲隱花果，吸引許多鳥類的採食，而種子隨著鳥類的排泄，就成爲菩提樹下一代的播種機制。

秋風中的菩提樹綠葉茂盛，隨著枝幹生長成爲棵棵大樹，因爲葉片特殊的造型，讓人永留記憶。不過冬天寒風吹起，綠葉紛紛落光，呈現蕭瑟的景象。

菩提樹是佛教的聖樹，相傳佛陀釋迦牟尼佛是在菩提樹下悟道成佛，雖然時光已隔二千餘年，當年成道的菩提樹還在，許多佛教徒都以前往朝拜爲一生志業，讓人面對菩提樹時多了一份虔誠的心。

## 形｜態｜特｜徵

**樹種** 落葉喬木，波狀圓形樹冠，高約10餘公尺。

**葉形** 闊卵形，先端尾狀披針形，葉基截形。

**花序** 隱頭花序。

**果型** 球形隱花果。

←菩提樹的葉子呈闊卵形，先端尾狀披針形，葉基截形，網脈透光，陽光下顯得翠綠。

↑菩提樹為落葉喬木，春天時萌發新葉，初為鮮紅色滿布枝頭，是為春季欣賞紅葉的樹種。

←菩提樹為桑科榕屬，花為隱頭花序，果為隱花果，花果小巧腋生，在葉叢中不太顯眼。

←菩提樹主幹粗短，樹皮灰褐色，光滑較無鬚根，枝幹粗壯斜上生長，較主幹發達。

■建議觀賞地點：

臺北市：仁愛路四段、民生東路五段。

新竹市：公園路。

臺南市：新建路。

高雄市：九如一至四路。

# 稜果榕 *Ficus septica* Burm. f.

| | |
|---|---|
| 科名：桑科 Moraceae | 屬名：榕樹屬 |
| 英文名：Angular-fruit Fig | 別名：大樹、大葉榕、大冇榕 |
| 生育地：低海拔山麓及平地叢林內 | 原產地：臺灣原生，亦分布小笠原群島、琉球群島、菲律賓、爪哇及帝汶 |

葉序 花序  花期 

果型 

稜果榕全年果實掛在枝條上，扁球形的隱花果爲綠色，具有白色斑點，另外還有數條明顯的溝稜，這就是稜果榕名稱的由來。隱花果成熟時爲黃白色，此時容易掉落地面，熟透的果實具有香味，吸引許多昆蟲採食，蝴蝶、金龜子、鍬形蟲甚至胡蜂都來聚集，是一場熱鬧的自然饗宴。

春天是稜果榕萌發新葉的時刻，平滑透光的小葉常叢生於小枝先端，葉呈卵狀披針形，主脈側脈明顯，於葉背隆起，葉邊全緣，整體呈翠綠色，在一般榕樹中算是較大的葉面。

↓ 稜果榕主幹直立，枝幹斜生，樹形整齊，是為行道旁綠意的選擇。

←稜果榕為單生葉，互生於枝條，常以叢生方式展現，葉形頗大呈闊卵狀披針形。

↓稜果榕為隱頭花序，小花為花托包覆，內含雌花與雄花，由榕小蜂負責傳粉。

夏季是生長的旺期，此時枝葉茂密，遮住了陽光炎熱的照射，但卻展現出綠葉在逆光下，清新翠綠的光華，透過藍天爲幕，植株呈現欣欣向榮的景象。稜果榕外形上沒有一般榕樹的鬚根，所以植株單立，只見綠葉迎風搖曳。

稜果榕在秋風中開出隱頭花序，小花灰綠色爲厚實的花托包覆，內有雌花與雄花，透過榕小蜂穿梭其內傳播花粉，使得隱花果得以發育成熟。稜果榕全年結果，果實幾乎都可見到，倒是多留意成熟的落果，可觀察到許多昆蟲的身影。

稜果榕爲常綠喬木，屬陽性樹種，生長迅速，對空氣污染之抗害力強，且新葉萌發力強，非常能夠適應都市中的環境，是行道樹的優良選擇。

## 形｜態｜特｜徵

**樹種** 常綠喬木，樹皮灰白色，枝幹集生上部，樹冠傘形，高可達6公尺。

**葉形** 單葉互生，葉面平滑呈卵狀披針形。

**花序** 隱頭花序。

**果型** 隱花果，扁球形，具稜溝。

→稜果榕為隱花果，呈綠色扁球狀，表面有白點，具明顯稜溝。

↓稜果榕的隱花果熟透呈褐色，並掉落地面，具果香味，常吸引金龜子來採食。

↓稜果榕樹幹灰白色，平滑無鬚根，略為彎曲生長。

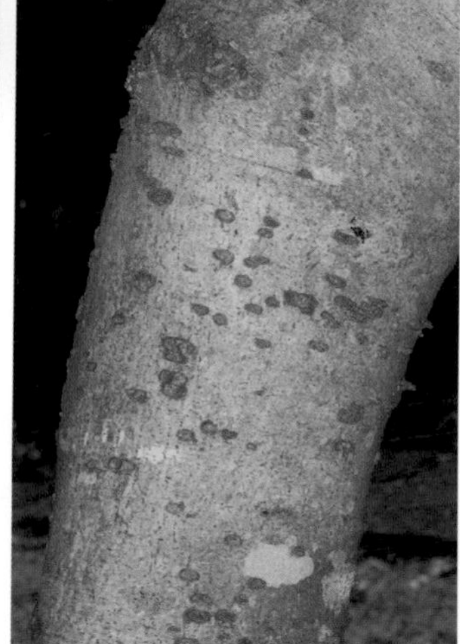

■建議觀賞地點：

臺北市：松德路。

新竹市：東大路。

高雄市：一心一路、忠孝一路、河西一路。

# 雀榕 *Ficus superba* (Miq.) Miq. var. *japonica* Miq.

| 科名：桑科 Moraceae | 屬名：榕樹屬 |
| --- | --- |
| 英文名：Red Fruit Fig-tree | 別名：鳥榕、赤榕、山榕、鳥屎榕 |
| 生育地：臺灣全島平地至低海拔山麓 | 原產地：臺灣原生，亦分布華南、日本、琉球、東南亞 |

葉序  花序 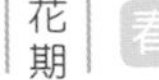 花期  春 夏 秋 冬  果型 

雀榕的果實爲隱花果，簇生於小枝或枝幹上，外形爲扁球狀，淡紅色的外皮具多數白色斑點，此時排列於植株上的果實，正是鳥兒享用的大餐，麻雀、白頭翁等是都市常見的鳥兒，熱鬧地在雀榕樹上大啖美食，因爲結果期爲全年，故常見飛鳥佇立，這就是「雀榕」名稱的由來。

雀榕爲落葉喬木，每年會落葉2～3次，主幹粗壯平滑，從枝幹上會生出氣生根。春天是新葉萌芽時刻，葉芽爲白色膜質的托葉包裹住，不久會伸出長成翠綠色的新葉，葉片爲單葉互生，大都由枝端開始叢生，葉面光滑呈長橢圓形，先端爲短尖狀，葉基則爲圓形，具有細長的葉柄。

↓ 雀榕樹形高大，樹冠寬廣，栽種在行道旁有遮蔭的功能。

春天是雀榕開花的季節，淡綠色小花爲厚實的花托所包覆，形成隱頭花序，與其他桑科榕屬植物一樣，都是由榕小蜂來傳粉，再由飛鳥將種子散播。

夏天枝葉茂密生長成爲綠色屏障，是涼爽的遮蔭處，也給視覺帶來柔順的綠意，在忙碌的行道上不失爲一份恬靜的沉著。

雀榕樹形蒼翠典雅，綠葉濃鬱，結實纍纍，植株抗風、耐潮、耐蔭，當作行道樹獨立脫俗，給人強健高壯之感。

## 形｜態｜特｜徵

**樹種** 落葉喬木，主幹粗壯直立，枝條下垂，綠葉濃鬱，高可達15公尺。

**葉形** 單葉互生，長橢圓形，先端短尖，葉基圓形，葉柄細長。

**花序** 隱頭花序，小花淡綠色，為花托包覆。

**果型** 隱花果，扁球形，淡紅色具白色斑點。

→雀榕的葉片為單葉互生，常叢生於枝端，呈長橢圓形翠綠色。

→雀榕為隱花果，簇生於枝幹上，與綠葉相搭配，增添植株的變化。

←雀榕的隱花果外形為扁球狀，淡紅色外皮有白色斑點。

↓雀榕果實滿布枝幹，成熟時為紅褐色，吸引許多小鳥吃食。

↓雀榕為落葉喬木，冬天葉片褪盡只剩光禿枝椏。

←雀榕在春天新葉萌發與宿存果實俱在，形成不同的面貌。

↓雀榕的氣生根發達，可垂直到地面，整齊的有如簾幕。

■建議觀賞地點：
臺北市：南京東路二段。
臺中市：東光路。

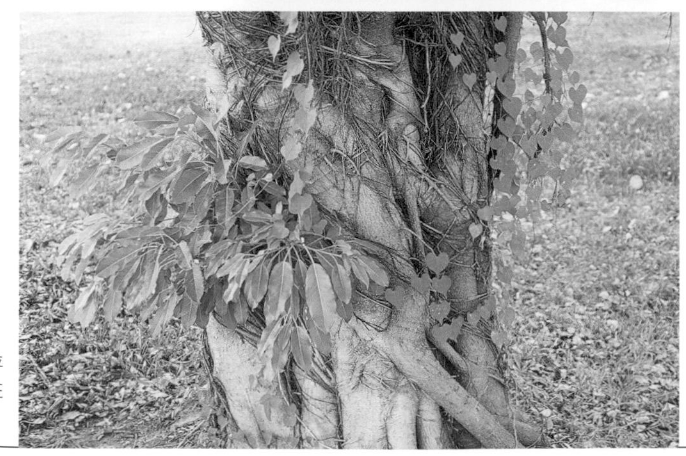

→雀榕的樹幹粗壯，平滑灰白色，會有支柱根與氣生根依附。

# 楊梅 *Myrica rubra* (Lour.) Sieb. & Zucc.

| | |
|---|---|
| 科名：楊梅科 Myricaceae | 屬名：楊梅屬 |
| 英文名：Chinese Babyberry | 別名：樹梅、椵梅 |
| 生育地：中、低海拔闊葉林 | 原產地：臺灣原生，亦分布華南、日本、菲律賓 |

葉序 | 花序  | 花期 春 夏 秋 冬 | 果型 

←楊梅為常綠喬木，主幹直立，綠葉濃鬱，樹形呈圓形，果實為經濟產物。

楊梅爲常綠喬木，主幹細長直立，枝幹斜上生長，小枝輕柔光滑，綠葉濃密，樹形呈圓形，高可達15公尺。春天萌發新芽，單生葉互生枝條，常叢生於枝端，葉形爲長倒卵形，主脈明顯呈黃色，先端鈍形，基部楔形，葉邊鋸齒緣，透過陽光葉面滿布透明小點。

## 形｜態｜特｜徵

| | |
|---|---|
| 樹種 | 常綠喬木，主幹細長直立，枝幹斜上生長，小枝輕柔光滑，樹形呈圓形，高可達15公尺。 |
| 葉形 | 單生葉，互生，叢生枝端，長倒卵形，鋸齒緣。 |
| 花序 | 雌雄異株，腋生，雄花葇荑花序，小花紅黃色；雌花球形。 |
| 果型 | 球形核果，外披囊狀體，成熟紅色，多汁。 |

春天是開花季節，爲雌雄異株，雄花序爲葇荑花序，小花密生呈紅黃色，具苞片，由葉腋處生出，雌花爲圓球形。開花時雄株花穗明顯，植株也爲人注目，雌株要等到果實成熟才會吸引眾人目光。

楊梅的果實爲球形核果，於授粉後發育，初爲青綠色，成熟則爲紅色，果實外披囊狀體，富含果汁可以食用，故成爲經濟果樹，有大面積的栽種。

楊梅雖爲經濟樹種，但樹性強健，生長良好，抗塵、抗旱，又因開花與結果都有不同的外觀變化，近來也被選爲行道樹，有區分及綠化行道的功能，也增添了樹種的多樣性。

↓楊梅為單生葉，互生於枝條，常叢生於枝端，呈長倒卵形，鋸齒緣，葉色翠綠。

←楊梅於春天開花，雄花株的花序明顯，小花呈紅黃色，相間在綠葉中較為醒目。

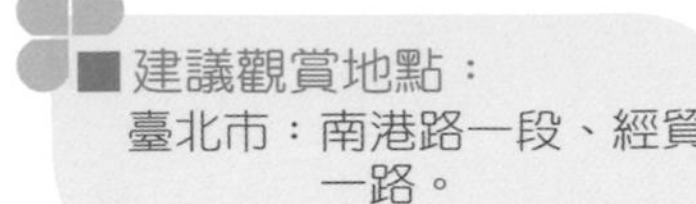

建議觀賞地點：
臺北市：南港路一段、經貿一路。


↓楊梅為雌雄異株，雄花序為葇荑花序，條狀般的伸出枝葉，紅色小花滿布花軸。

↓楊梅雌株花落後發育成果實，為球形核果，外披囊狀物，成熟為紅色，多汁可食。

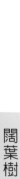

→楊梅樹幹。

# 垂枝瓶刷子樹 *Callistemon viminalis* (Soland.) Cheel.

| | |
|---|---|
| 科名：桃金孃科 Myrtaceae | 屬名：瓶刷子樹屬 |
| 英文名：Weeping Bottlebrush | 別名：串錢柳 |
| 生育地：熱帶平原 | 原產地：澳洲 |

葉序 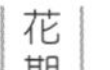 花序  花期  春 夏 秋 冬  果型 

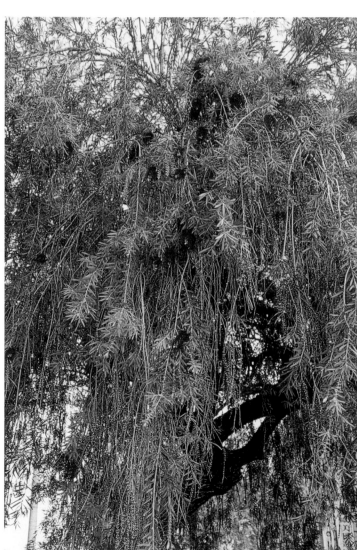

←垂枝瓶刷子樹彎曲的樹幹與下垂的柳枝，以及細長的綠葉，在行道旁大都是作為綠化觀賞之用。

作爲行道樹不一定是綠意成蔭的高大喬木，一些有特色的小喬木也是很好的選擇，垂枝瓶刷子樹就以它特殊的圓柱形穗狀花序被雀屏中選。

每當春天的腳步踏入人間，垂枝瓶刷子樹開始展現花期的驚豔，一串串深紅色的花序掛上枝頭，因爲細枝柔軟下垂，將紅色花序交錯在綠葉中，妝點整個植株，有如聖誕樹般的燦爛。

圓柱形穗狀花序的紅色小花密生，多又長的雄蕊伸出花瓣，整體有如瓶刷子般，這是它屬名的由來，民間別名爲「串錢柳」，望字生意搭配樹的外形，還眞有些意思呢！垂枝瓶刷子樹的花期直到秋天，紅花長存讓人百看不厭。

垂枝瓶刷子樹高約2公尺多，樹幹爲小型喬木，枝幹柔軟細長下垂如柳枝，夏季除了紅花依舊，新生的嫩葉紛紛冒出，葉片披針狹長形互生於枝條，葉面有腺點會分泌油脂，若將葉片揉搓成碎，會有一股芳香之味。

秋天果實成熟，蒴果多數但小巧，也是成串聚在枝條上，形成有綠葉、紅花與褐色果實同時存在的畫面，蒴果常常宿存枝條有數年之久。

垂枝瓶刷子樹生性強健，又能耐陰，全日照與半日照均能開出美麗的紅花，每當有微風吹過，如柳枝般搖曳生姿，是行道樹美化景觀最佳的選擇。

←垂枝瓶刷子樹的葉片為狹長披針形，互生於垂下的枝條，因質輕會隨風飄動。

### 形｜態｜特｜徵

**樹種** 常綠小喬木，枝條柔軟下垂，高約6～10公尺。

**葉形** 狹線形，互生，具腺點，揉之有芳香味。

**花序** 圓柱形穗狀花序，深紅色小花密生。

**果型** 蒴果。

↑垂枝瓶刷子樹的紅花為穗狀花序，頂生於枝端呈圓柱形，小花密生雄蕊數多且長，像是一把瓶刷子。

→垂枝瓶刷子樹的花朵常數串聚生，其花期很長，由春天直到秋天都可見到串串的紅色花朵。

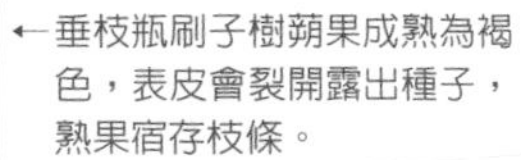

←垂枝瓶刷子樹蒴果成熟為褐色，表皮會裂開露出種子，熟果宿存枝條。

↑垂枝瓶刷子的果實為蒴果，初生為綠色，成串的聚生於枝條。

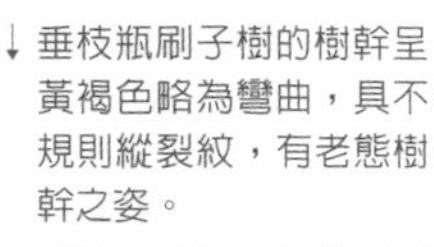

↓垂枝瓶刷子樹的樹幹呈黃褐色略為彎曲，具不規則縱裂紋，有老態樹幹之姿。

■建議觀賞地點：
高雄市：西藏街。

# 大葉桉 *Eucalyptus robusta* Smith

| 科名：桃金孃科 Myrtaceae | 屬名：桉樹屬 |
| --- | --- |
| 英文名：Swamp Mahogany | 別名：尤加利樹 |
| 生育地：熱帶平原 | 原產地：澳洲 |

葉序　花序　花期    冬　 果型 

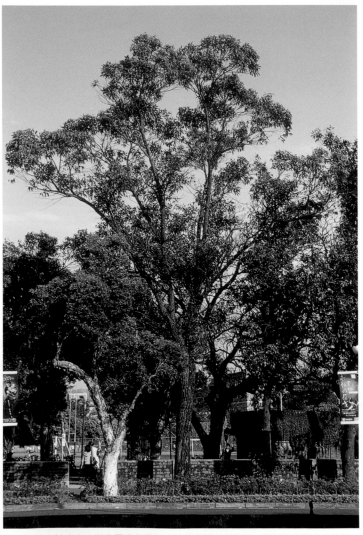

↑ 大葉桉主幹直立，樹皮厚實有彈性，枝幹次第向上生長，樹形為高聳金字塔狀。（臺北市：新生南路三段）

大葉桉爲常綠喬木，主幹直立粗壯，枝幹多分歧，由下次第向上生長，綠葉繁茂，整個樹形呈高聳狀的金字塔，作爲行道樹頗有玉樹臨風的氣勢。它的別名爲熟悉的「尤加利樹」，但尤加利樹樹種繁多，在臺灣作爲行道樹的樹種，並不適合當作澳洲無尾熊的食材。

大葉桉的樹皮爲褐色呈大縱裂紋，並以傾斜旋轉方式生長，摸起來有厚實彈性之感，容易被大片撕下，是一種可由樹皮認識的植物。大葉桉常綠的葉子爲卵狀長橢圓形，互生於小枝上，葉面革質，葉邊全緣，搓揉成碎具有香氣。

春天時萌發新葉，夏日則綠葉濃鬱，葉色由新綠翠綠再到墨綠，讓植株有著不同色調的層次，增添視覺上的變化。

大葉桉的花期在秋天時刻，聚繖花序由小枝腋處生出，小花繁多呈白色，點綴在綠色的葉片中顯得嬌柔美麗；果實爲杯狀蒴果，成熟時落地，在大葉桉樹下可以發現褐色小杯狀的果殼，收集起來串成項鍊是不錯的手工藝品。

↑ 大葉桉樹形高大，枝葉茂盛，常見植株四周有小株生長，小株新葉翠綠，將母株包圍。

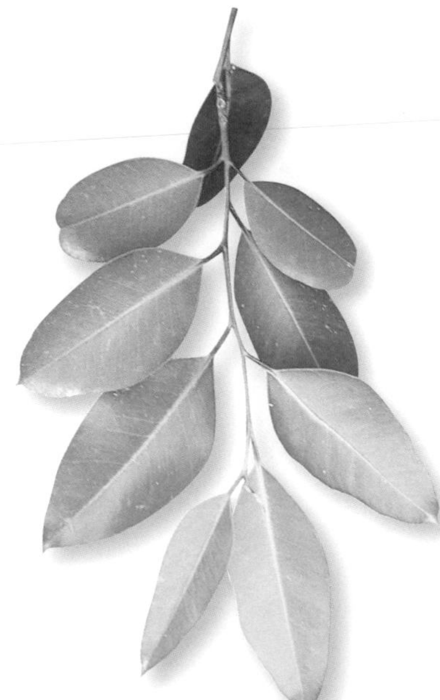

↑ 大葉桉為單生葉，互生於枝條，長橢圓形，葉面革質，葉邊全緣，揉之具香氣。

## 形｜態｜特｜徵

**樹種** 常綠喬木，主幹直立高可達18公尺，樹皮厚實為褐色。

**葉形** 單葉互生，卵狀長橢圓形，革質，全緣，揉之具香味。

**花序** 聚繖花序，小花白色。

**果型** 蒴果杯狀。

↓大葉桉為聚繖花序，小花白色隱於綠葉中，花冠緣為絲狀，於秋天開花。

↑大葉桉的果實小巧，為杯狀蒴果，常隱於綠葉下，初生為綠色。

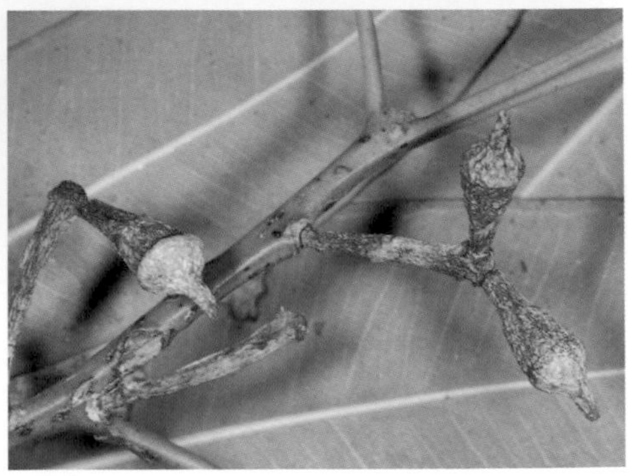

↑成熟的大葉桉果實為灰褐色，表面皺摺，易掉落地面。

←大葉桉的樹皮為褐色，呈大縱裂紋，裂紋以斜體方式旋轉，有厚實彈性之感。

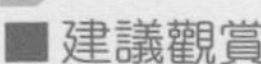

■建議觀賞地點：
臺北市：新生南路三段、長安東路二段。
新竹縣：臺一線66K。

# 白千層 *Melaleuca leucadendra* L.

| 科名：桃金孃科 Myrtaceae | 屬名：千層皮屬 |
|---|---|
| 英文名：Cajuput tree | 別名：脫皮樹 |
| 生育地：熱帶平原 | 原產地：澳洲 |

葉序  花序  花期 春 夏 秋 冬 果型

白千層作爲行道樹除了優美的樹形外，引人注目的是白色彎曲的大樹幹，其樹皮的木栓組織發達，呈薄膜層片狀，觸摸時感覺柔軟有彈性有如海綿，老化後會層層剝落，這就是白千層名字的由來。樹幹彎曲處的大樹瘤常有奇異的造型，讓人產生繪聲繪影的遐想。

白千層植株可達6～8公尺高，枝幹向上伸展，葉片披針形互生於枝條，酷似相思樹的葉子，葉片雖小卻生長茂密，新葉背面有白色細毛，葉片翻飛時白色銀光閃爍樹梢，整體樹形呈圓形波浪狀，當作行道樹成爲壯觀的一列綠色長城。

←白千層當作行道樹除了栽種容易，其樹性強健，耐旱、耐污。

夏至秋季開出白色帶乳黃色的花朵，爲穗狀花序呈圓柱形，頂生於小枝條上，小花繁多，密生的雄蕊伸出有如瓶刷狀。當整株白千層開花時，遠眺像是白雪覆蓋，帶出植株另一番風情。花謝後的蒴果呈圓柱形，由青澀的綠色轉爲老熟的黑色，並附著於老枝上。

←白千層為常綠喬木，主幹易彎曲，枝幹向上筆直生長，樹形呈波浪圓形。

## 形｜態｜特｜徵

**樹種** 常綠喬木，樹幹彎曲有突瘤，高約6~8公尺，呈波浪圓形。

**葉形** 單葉，橢圓狀披針形，兩端銳形，由葉基到葉端5縱脈。

**花序** 頂生穗狀花序，小花密生，花白色帶些乳黃色。

**果型** 蒴果。

↑白千層的葉子為單生橢圓披針形，與相思樹的假葉相似，具有5條平行脈。

→白千層有如瓶刷般的白色花朵在夏、秋之際高掛枝頭，是植株變裝之際。

←白千層花苞小巧可愛，淡綠色的花苞在花序上排列，常在開花期初期與白花同存。

↓白千層為雌雄同株，頂生的穗狀花序小花密生，雄蕊數多並伸出花被外，整體有如白色瓶刷子。

↓白千層的果實為圓柱形蒴果，成熟為黑色，常附著於老枝上。

↓白千層的樹皮木栓組織發達，為層層片狀易脫落，觸摸柔軟似海綿。

■建議觀賞地點：

臺北市：北安路、和平東路一段、至善路一段。

臺中市：國光路。

臺南市：中華南路。

高雄市：自由一路、中華三至四路。

屏東市：臺糖街。

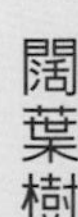

桃金孃科

# 臺灣赤楠 *Syzygium formosanum* (Hayata) Mori

| 科名：桃金孃科 Myrtaceae | 屬名：赤楠屬 |
| --- | --- |
| 英文名：Taiwan Eugenia | 別名：赤楠、大號犁頭樹 |
| 生育地：臺灣全島低、中海拔森林內 | 原產地：臺灣 |

葉序  花序  花期 春 夏 秋 冬   果型

臺灣赤楠在暖春的日子，開始萌發新芽長出嫩葉，新葉嬌嫩爲鮮紅色，並且在每個枝條上伸出，枝條上端柔細，亦爲鮮紅色，枝葉相互搭配，讓植株覆蓋在一片紅色的光彩中；新葉呈半透明狀，當陽光透過葉面，閃爍出活潑的光芒，這是臺灣赤楠最亮麗的季節。

臺灣赤楠爲臺灣特有種植物，爲常綠小喬木，樹高約3公尺，枝條柔細，外形呈圓形狀；單葉對生，葉形爲長橢圓形或倒卵形，葉面紙質，表面有光澤，葉背側脈明顯且平行。

↓臺灣赤楠樹形纖細，列植於行道旁，是為推動本土植物的栽培。

闊葉樹

↑臺灣赤楠春天萌發新葉，新葉及小枝均為紅色，在陽光下使得植株煥然一新。

春、夏之際，臺灣赤楠從枝端頂生聚繖花序，小花叢生呈白色，雄蕊數量多，常吸引昆蟲前來採食，藉以傳播花粉；果實爲球形漿果，成熟時呈紅紫色。不論新葉的紅色或花序的白色或果實的紅紫色，都帶給植株變化的律動，增添植物的風采。

## 形｜態｜特｜徵

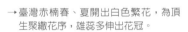

**樹種** 常綠小喬木，枝條細柔光滑，樹形為圓形狀，高約3公尺。

**葉形** 單葉對生，長橢圓形或倒卵形。

**花序** 頂生聚繖花序，小花白色。

**果型** 球形漿果。

→臺灣赤楠春、夏開出白色繁花，為頂生聚繖花序，雄蕊多伸出花冠。

↓臺灣赤楠的果實為球形漿果，初生時為綠色，成熟時則為紅紫色。

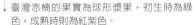

■建議觀賞地點：
臺北市：經貿路二段。

# 流蘇 *Chionanthus retusus* Lindl. & Paxton var. *serrulatus* (Hayata) Koidz.

| 科名：木犀科 Oleaceae | 屬名：流蘇屬 |
| --- | --- |
| 英文名：Chiese Fringetree | 別名：鐵樹 |
| 生育地：臺灣分布北部角板山及桃園南崁溪沿岸 | 原產地：臺灣原生，亦分布大陸、韓國、日本 |

葉序　花序　花期 

果型 

春天是植物從嚴寒的冷藏中甦醒的時刻，當其他的植物正發出新綠的嫩芽時，開花期較早的流蘇已經是滿樹風華的展現。

聚繖花序頂生於枝條上，小花雪白素雅，覆蓋在傘形的樹冠上，有如全株披被雪花，爲春天帶來青春的氣息。白色小花的花萼與花冠都是深4裂，裂片都呈線狀披針形，細看像是流蘇般的垂掛，風兒吹過頗有飄逸的瀟灑。

開花後的植株枝葉繁茂生長，綠葉橢圓形對生於枝幹上，在夏季是一樹濃鬱的綠意，此時核果也開始成長，等到秋天時成熟的果實呈深藍色，搭配在綠葉中是另一番風情。而冷風過境的冬天則是褪光一身的綠葉，將生機冬藏於枯枝中，等待下一季風華再現。

↓ 流蘇優雅的樹姿，搭配雪白的花朵，讓植株展現了無比的魅力。

↑ 流蘇的葉片為單生葉，對生於小枝，革質有光澤，橢圓形葉邊全緣

## 形｜態｜特｜徵

**樹種** 落葉小喬木，枝幹分歧，樹冠傘形，高約5公尺。

**葉形** 單葉對生，橢圓形或卵形，全緣。

**花序** 聚繖花序，花白色。

**果型** 卵形核果，深藍色。

流蘇樹姿優雅，作爲行道樹的機會卻較少，主要是因爲其單株栽種需要相當的空間，才有利於樹冠的擴展。一般較適合種植於公園當作景觀樹，而在較適合生長的北部裡還是會有它的身影。

↑ 流蘇於開花後萌發新葉，白色花與新綠葉在植株上，展現清爽的視覺感受。

← 流蘇於早春開出聚繖花序，小花白色花萼與花被深裂，呈披針形有如古之流蘇。

→ 流蘇的枝幹在花與葉的萌發期，都會出現一團綠色蟲癭，等結果期時蟲癭會轉為紅褐色。

←流蘇的結果期是繼開花之後，當植株開花多，結果也多，青綠色的核果長在枝頭，與綠葉相間是植株生長的延續。

→流蘇的果實為卵形核果，初生時為青綠色，果皮上還滿布白點。

←流蘇的卵形核果成熟時則為深藍色，常吸引飛鳥的採食。

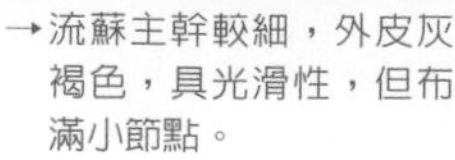

→流蘇主幹較細，外皮灰褐色，具光滑性，但布滿小節點。

■建議觀賞地點：
臺北市：市民大道一段、成功路二段。

# 臺灣白蠟樹 *Fraxinus formosana* Hayata

| 科名：木犀科 Oleaceae | 屬名：白蠟樹屬 |
| --- | --- |
| 英文名：Formosan Ash | 別名：光蠟樹、白雞油 |
| 生育地：中、低海拔之闊葉林中，尤常見於溪畔旁 | 原產地：臺灣原生，亦分布華南、日本、琉球、菲律賓 |

葉序 花序 花期 

果型 

臺灣白蠟樹在春風中開始新的律動，翠綠的新葉在枝頭上萌發，讓冬季的枯枝重新展開綠意的新生命，在藍天的陪襯下，彰顯植株細長高挑的身影，讓人不禁仰望注目。其葉片爲奇數羽狀複葉，小葉長橢圓形，葉面具革質，葉尖成銳形，由最上方的枝頭開始次第生長。

炎熱的夏季，是枝葉茂密生長的季節，枝幹向上呈扇形，綠葉開始濃鬱交錯，行道兩邊同時生長，不久形成高大的綠色隧道，帶來遮蔭的涼爽。

初夏是開花期，頂生的圓錐花序綻放於枝頭，白色小花密生，許多昆蟲趕來赴會並忙著訪花採蜜，在綠意中顯出特別不同的風采。

↓ 臺灣白蠟樹樹形纖細瘦高，並排植列可密集栽種，成樹綠蔭遮天，形成綠色大道，藍天下可感受綠意所帶來的涼爽。（宜蘭縣：羅東運動公園）

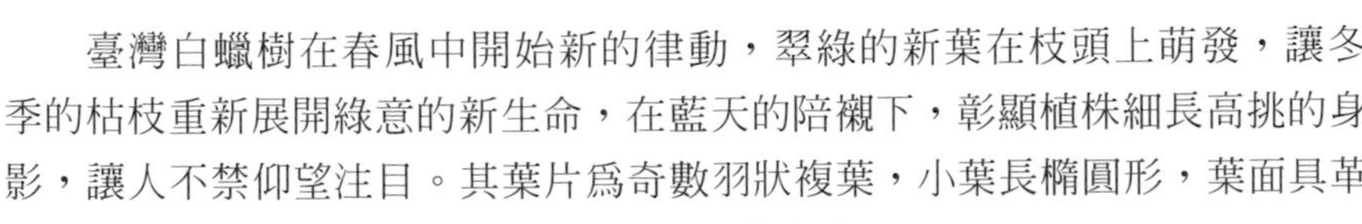

秋天爲結果期，果實爲翅果，呈披針狀篦形，因爲小花密生，故果實也是擠在一起，此時植株高掛一團一團的長翅果實，當有微風及陽光時，長翅果實在風中翻轉，也閃爍著光線的明亮，老熟的果實經不住風吹，靠著長翅飛往四處，以達成種子傳播的目的。

臺灣白蠟樹爲半落葉喬木，乾冷的寒冬會褪去大部分綠葉，隱藏生命的活動，然後等待適時的氣候來到，再次展現植株旺盛的生命力。

臺灣白蠟樹作爲行道樹，樹姿優美，花果醒目，又耐污染，生長迅速，唯抗風力較差。另外在生態上，成熟的臺灣白蠟樹樹皮是昆蟲獨角仙的食材，在野外常觀察到樹幹上有如線條般的食痕，就是獨角仙的傑作。

→臺灣白蠟樹為奇數羽狀複葉，小葉長橢圓形，先端尖形，葉邊全緣。

## 形｜態｜特｜徵

| | |
|---|---|
| 樹種 | 半落葉喬木。 |
| 葉形 | 奇數羽狀複葉，小葉長橢圓形，葉面革質，葉尖銳形，葉邊全緣。 |
| 花序 | 圓錐花序，小花白色。 |
| 果型 | 翅果。 |

↓整排臺灣白蠟樹開出一叢叢的花團，搭配在藍天綠葉中，讓人有清新的爽朗。

■建議觀賞地點：
臺北市：育仁街、文德路。
臺中市：育德路、東光路。
屏東市：臺糖街。

→臺灣白蠟樹初夏開出圓錐花序，白色小花密生，花序著生於枝頭，容易隨著風兒搖晃，吸引注目。

↑臺灣白蠟樹的果實為披針狀箆形的翅果，初為白綠色，成熟則為褐色，會隨風飄散。

←臺灣白蠟樹樹皮為白褐色，表面有不規則樹皮剝落，形成圖案般的痕跡。

←在夏天，臺灣白蠟樹的樹幹常會聚集獨角仙，樹幹上有甲蟲啃食的痕跡，像是一條條溝狀的凹槽。

海桐科

# 臺灣海桐 *Pittosporum pentandrum* (Blanco) Merr.

| 科名：海桐科 Pittosporaceae | 屬名：海桐屬 |
|---|---|
| 英文名：Five Stamens Pittosporum | 別名：七里香 |
| 生育地：本島南部沿海及蘭嶼外島 | 原產地：臺灣原生，亦分布菲律賓及中南半島 |

葉序  花序  花期   果型 

臺灣海桐最讓人驚豔的時刻，莫過於秋冬的果熟期，此時黃澄澄的球形蒴果一串串地高掛於枝條，老熟時蒴片兩裂，露出包裹紅色黏質假種皮的種子，讓滿是綠意的植株，增添季節變化的色彩。結實纍纍的果實，將枝條重壓垂下，形成串珠般的豐裕，是臺灣海桐吸引飛鳥聚集採食的時刻。

臺灣海桐爲常綠喬木，樹幹直立可高達5公尺，枝幹多且分歧，小枝披褐色短毛，具明顯皮孔；單葉互生於枝條，呈長橢圓形，葉尖銳形，葉面光滑具革質，葉邊全緣，整個植株呈卵圓形。

↓ 秋季的臺灣海桐結實纍纍，橙黃色的果串為車行道帶來季節的變化。

闊葉樹

臺灣海桐的花期在夏季，頂生於枝條的圓錐花序有如花球般盛開，小花密生爲白色，還不時飄送著香味；此時也是植株展現嬌柔的時刻，花序滿布枝葉上，吸引許多蜜蜂前來採蜜，所以不久開始發育成果實。

臺灣海桐生育地原爲海岸地帶，但是作爲行道樹生長良好，耐旱、耐潮、抗風、抗塵，再加上樹形優美，花具香氣，黃果耀眼，是都會中極具觀賞價值的樹種。

↑ 臺灣海桐主幹直立，枝幹多分歧，綠葉茂密，樹冠為卵圓形。

## 形｜態｜特｜徵

**樹種** 常綠喬木，主幹直立，枝幹多分歧，枝葉茂密，樹冠卵圓形。

**葉形** 單葉，互生，具革質，長橢圓形。

**花序** 圓錐花序，小花密生，白色，具香味。

**果型** 球形蒴果，成熟時為黃色。

↓ 臺灣海桐為單生葉，長橢圓形，革質具光澤，葉尖銳形，葉邊全緣。

海桐科

闊葉樹

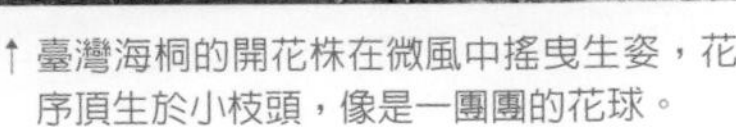
↑臺灣海桐的開花株在微風中搖曳生姿，花序頂生於小枝頭，像是一團團的花球。

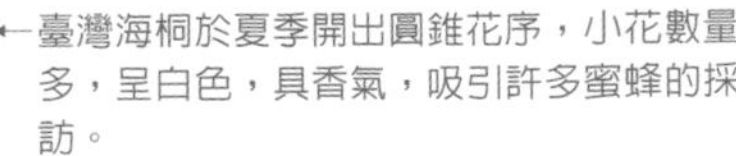
←臺灣海桐於夏季開出圓錐花序，小花數量多，呈白色，具香氣，吸引許多蜜蜂的採訪。

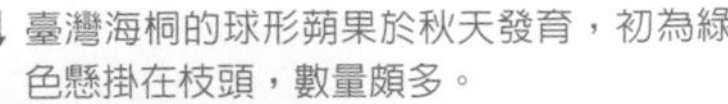
↓臺灣海桐的球形蒴果於秋天發育，初為綠色懸掛在枝頭，數量頗多。

↑臺灣海桐為常綠喬木，黃橙色果串與綠葉相配，讓植株豐富了起來。

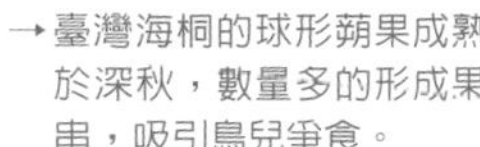

→臺灣海桐的球形蒴果成熟於深秋，數量多的形成果串，吸引鳥兒爭食。

↑老熟的果實黃色外皮剝落，露出紅色的種子，增添臺灣海桐色彩的變化。

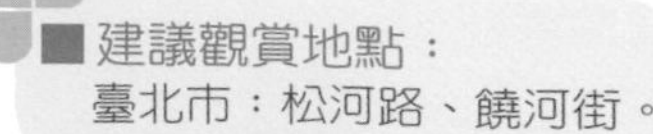

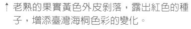

■建議觀賞地點：
臺北市：松河路、饒河街。

→臺灣海桐的樹幹為灰白色，整體為平滑狀，帶有褐色小節點。

山龍眼科

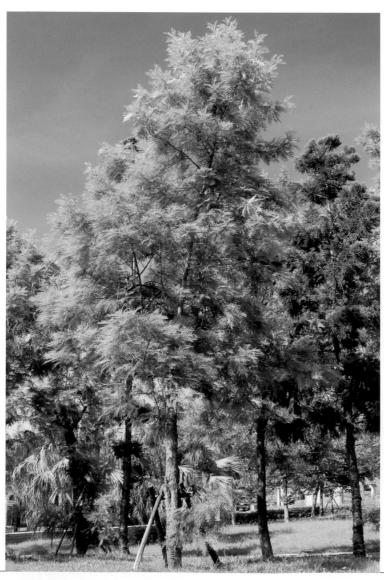

# 銀樺 *Grevillea robusta* A. Cunn

| 科名：山龍眼科 Proteaceae | 屬名：銀樺屬 |
| --- | --- |
| 英文名：Silkoak | 別名：絹柏 |
| 生育地：熱帶平原 | 原產地：澳洲 |

葉序  花序  花期  春 夏 秋 冬 果型 

←銀樺為常綠喬木，主幹直立，枝幹輪生呈水平伸展，小枝柔軟，樹形呈高塔狀。

闊葉樹

銀樺爲常綠喬木，主幹直立通天，高可達20公尺，樹形有如高塔狀，枝幹由下向四周延伸，並次第向上生長。

初春時萌發新葉，二回羽狀裂葉互生於小枝條上，以翠綠的容顏迎向春暖季節。若近觀小葉時會發現具有明顯的缺裂刻，葉背密披銀色絹毛。

初夏時節，銀樺開出總狀花序，從枝椏頂生或葉腋處長出，小花密生呈鮮黃色，將整個植株妝點美麗色彩。銀樺的花序特殊，花被片是由花萼形成，具4片捲曲裂片，雄蕊無柄，花藥直接附著於萼片上，長花柱在受粉前，先端彎曲包在花被內，等到自花授粉後才開放伸直。

受粉後的子房開始發育，球形蓇葖果成長於秋天，種子具絨毛成翅，飛散於四周傳播後代。銀樺樹形高挑優美，樹冠呈高塔狀，綠葉簇生，黃色花序可愛迷人，當作行道樹成排植列，增添都會綠意的美化。

## 形｜態｜特｜徵

**樹種** 常綠喬木，主幹通直，高可達20公尺，呈高塔狀。

**葉形** 二回羽狀裂葉，互生，小葉缺刻，葉背具銀色絹毛。

**花序** 總狀花序，小花密生，花澄黃色。

**果型** 球形蓇葖果。

→銀樺的小葉披針形，具深刻裂紋，互生於枝條上。

←銀樺的葉子為二回羽狀裂葉。

→銀樺的葉形特殊，令人印象深刻，其葉背密披銀色絹毛，呈灰白色。

↑ 銀樺的幼枝柔軟，密披褐色細毛，新芽初生亦為褐色。

■ 建議觀賞地點：
臺北市：青島東路。
高雄市：河東路、二聖一至二路、九如四路。

←銀樺的果實為蓇葖果，初生時為綠色，成熟落地為黑褐色，長柱頭宿存。

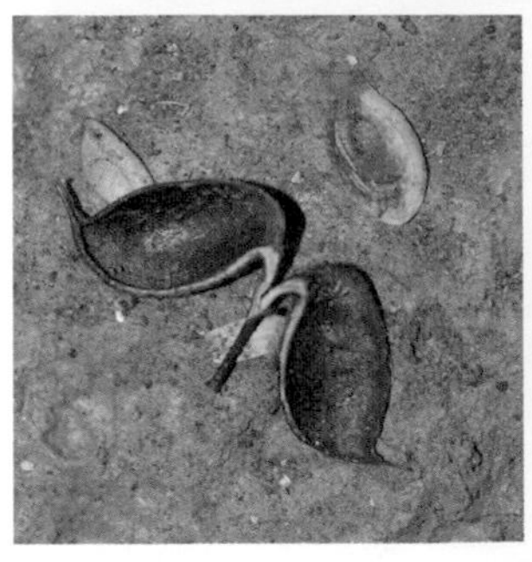

↑ 銀樺的蓇葖果老熟時開裂，露出淡褐色種子，其四周具膜翅可隨風飄去。

←銀樺主幹直立，樹皮呈灰白色，表面平滑略有淺縱紋。

# 山櫻花 *Prunus campanulata* Maxim.

| 科名：薔薇科 Rosaceae | 屬名：櫻屬 |
| --- | --- |
| 英文名：Taiwan Cherry | 別名：緋寒櫻、山櫻桃 |
| 生育地：海拔300公尺至2000公尺向陽之闊葉林內 | 原產地：臺灣原生，亦分布華南、日本、琉球 |

葉序  花序  花期 春 夏 秋 冬  果型 

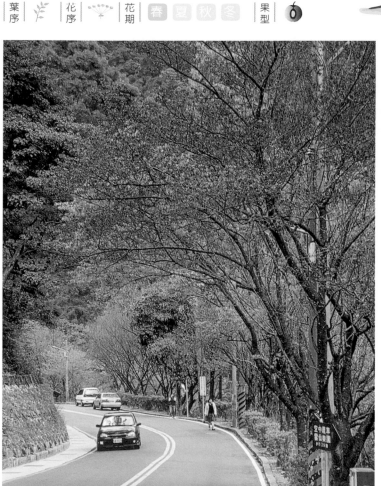

←車行道旁的山櫻花，春天開出美麗嬌花，常會吸引人們佇足觀賞。（臺北縣：環山路）

臺灣每年最早的花季，當屬早春開花的山櫻花，在春寒料峭的日子裡，豔紅色的山櫻花開滿枝頭，並形成引人注目的花海，是年度賞花盛事。

山櫻花爲落葉喬木，主幹直立，枝幹多分歧，樹皮爲茶褐色，有明顯的皮孔，樹形呈傘狀生長。春天紅花先綠葉而開，花苞萌發於前年晚冬，過冬後美麗花朵簇生於葉腋處，兩性花單生，爲豔紅色，下垂於細花梗上，呈吊鐘形。當紅花滿布枝頭，吸引許多山雀的訪花吸蜜，增添花季裡的熱鬧。

一季的繁花吹落，新綠的葉子開始萌芽，單生葉互生於小枝上，葉爲長橢圓形，先端漸尖，葉基鈍形，葉面光滑，葉緣細鋸齒狀，側脈明顯，具線形托葉，葉柄基部有一對紅色腺體。

夏秋之際，山櫻花的綠葉隨風飄逸，整個植株呈現綠意盎然，翠綠色的葉子在逆光下，凸顯葉脈的線條美感，搭配深色的樹枝，形成一幅美麗的圖案。此時核果也開始發育，卵形的果實懸掛小枝，由青綠色轉熟爲鮮紅色，錯落在綠葉中，吸引許多山鳥及昆蟲前來採食。

寒風吹起，葉片開始催黃，並次第枯萎掉落於地面，只剩下枯枝伸向天際，好像隱藏著生命的律動，其實已開始孕育花苞，期待春天的花期。

山櫻花原生於山麓中，因樹姿優雅，花朵緋紅，鮮豔奪目，栽培成行道樹，竟然形成花季，妝點春天的景觀。5、6月時，山區的山櫻花樹幹，還能觀察到保育類昆蟲——霧社血斑天牛的生態，因爲山櫻花的樹幹乃是牠的食材。

→山櫻花為落葉喬木，紅花先綠葉而開，樹形呈傘狀，樹姿優雅。

## 形｜態｜特｜徵

**樹種** 落葉喬木，主幹直立，枝幹分歧，樹皮茶褐色，具明顯皮孔，樹冠為傘形，高可達10公尺。

**葉形** 單葉，互生，長橢圓形，先端漸尖，側脈明顯，細鋸齒緣。

**花序** 單花簇生，花色豔紅，具細花梗，花下垂呈吊鐘形。

**果型** 核果，卵形，成熟時為鮮紅色。

→山櫻花為單生葉，互生於枝條，形成兩排行列，長橢圓形，先端漸尖，側脈明顯，細鋸齒緣。

→山櫻花開花時，綠葉尚未萌芽，豔紅花朵簇生枝頭，由小花柄垂吊著，花色花形迷人。

↓山櫻花為單生花，花瓣5片呈豔紅色，具細花柄，花下垂如吊鐘般。

↑山櫻花的果實為卵形核果，初生為青綠色，成熟則為紅色，常有小象鼻蟲來吃食。

←山櫻花主幹直立，樹皮呈茶褐色，具明顯皮孔及環紋。

↓山櫻花原生長於山林，5、6月時霧社血斑天牛常出現在山櫻花樹幹上。

■建議觀賞地點：
臺北市：復興三路。
臺北縣：烏來環山路。
臺中市：太原路園道、健行園道。

# 柳樹 *Salix babylonica.*

| | |
|---|---|
| 科名：楊柳科 Salicaceae | 屬名：柳屬 |
| 英文名：Weeping Willow | 別名：柳 |
| 生育地：平地水域旁 | 原產地：中國大陸 |

葉序  花序  花期  春 夏 秋 冬 果型 

柳樹為落葉喬木，主幹會隨著植株生長的方向彎曲，所以有直立、左彎、右彎等不同的樹形，高可達5、6公尺，其主幹樹皮呈黑灰色，具有深刻裂紋，小枝細長柔軟垂下，為紅褐色。單生葉互生於小枝上，呈線狀披針形，葉邊為細鋸齒緣，葉背為灰綠色。

春天萌發芽苞，綠色小點將光禿的柳條妝點活潑的生命力，不久新葉發出，一片翠綠將柳樹換妝一身綠意，葇荑花序趁勢開出小花，也趕赴春的饗宴，搭配新綠的嫩葉，增添植株變化。

柳樹的花期可延至初夏，是為雌雄異株，雄花序為黃色，滿布雄蕊及花藥，雌花序則為綠色，相較於雄花較為不起眼，受粉發育的果實為綠色小蒴果，內含有絨毛的白色種子。

↓ 柳樹當作行道樹，多半是原水域被遮蓋成車道，自然將柳樹留下當作路樹。（臺北市：建國南路二段）

↑ 柳樹為落葉喬木，春天萌發新綠，綠柳隨風飄逸，樹形特殊。

↑ 柳葉呈線狀披針形，單葉互生枝條，葉緣為細鋸齒狀，會隨柳枝下垂。

柳樹以柔軟垂枝與深刻裂紋的樹皮著稱，原來大多生長在水域旁，而臺灣一些都市的水域被遮蓋成行道路，於是留下的柳樹就自然成為行道樹，倒是形成另一番街道景象。

## 形｜態｜特｜徵

**樹種** 落葉喬木，樹幹隨生長方向彎曲，高可達5～6公尺。

**葉形** 單生葉，互生，呈線狀披針形，細鋸齒緣，葉背灰綠色。

**花序** 雌雄異株，葇荑花序，雄花黃色，雌花綠色。

**果型** 蒴果。

→柳葉上常有點狀紅色蟲癭，與小枝的紅色相輝映，也是植株的另一番風情。

↓柳樹於春、夏開出葇荑花序，為雌雄異株，雄花明顯呈黃色。

↑柳樹的果實為蒴果，成熟時外皮開裂，露出帶毛絮的種子，風吹過時種子紛飛。

↓柳樹的樹幹會隨生長方向彎曲，樹皮呈黑灰色具深刻縱裂紋。

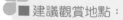

建議觀賞地點：
臺北市：建國南路二段。
新竹市：民族路。
臺中市：柳川沿岸。

# 臺灣欒樹 *Koelreuteria henryi* Dummer

特有種

| 科名：無患子科 Sapindaceae | 屬名：欒樹屬 |
|---|---|
| 英文名：Flamegold | 別名：苦苓舅 |
| 生育地：海拔1000公尺以下向陽山坡地 | 原產地：特產於臺灣 |

葉序  花序  花期 春 夏 秋 冬 果型

臺灣欒樹植株直立，樹枝開展散生，呈美麗的傘形。主幹通直，呈白灰色，樹皮則為薄鱗片狀，用手輕拉很容易剝落，小枝幹上密布皮孔。

春天時，黃綠色的嫩葉初生，在春風中透過陽光，呈現嬌柔可愛，是生命啓動的清新綠意；盛夏時，則爲濃鬱的翠綠滿布植株；當秋風吹起，原本翠綠的羽狀複葉受到季節催促，開始由綠轉黃，透過秋陽的逆光，顯得金黃耀眼，這是冬藏前最後一次絢麗的演出。

臺灣欒樹於每年9月至10月間，將無數的小黃花集合於枝頭上，盛開的情形簡直是花團錦簇，美不勝收。當以蔚藍的天空爲幕，翠綠色的羽葉爲伴時，黃色小花凸顯於視覺中，是一幅極爲搶眼的美麗景致，也活潑了秋的蕭瑟。

↓位於臺北市天母地區的忠誠路，全線種植了近千棵的臺灣欒樹，盛夏時，是車行的綠色隧道。

→圓錐花序頂生，金黃色花瓣五瓣，瓣片基部為紅色。

→小葉呈卵形或長卵形，互生，葉尖銳形，葉基歪形，葉緣淺鋸齒狀。

## 形｜態｜特｜徵

**樹種** 落葉喬木，傘形，高約10餘公尺。

**葉形** 二回羽狀複葉，小葉互生，長卵形，葉尖銳形，葉基歪形，葉緣為淺鋸齒狀。

**花序** 圓錐花序，兩性花與單性花共存，花黃色。

**果型** 蒴果。

同一季節開花後，雌花會迅速結成果實，蒴果具3片苞翅呈膨大氣囊狀，其色由粉紅色逐漸轉至紅褐色，在暮秋的日子裡，增添了植株的另一番風采，也帶來景觀上的亮麗。

蒴果成熟時苞片會裂開，藏在裡面的黑色種子露出，苞片從紅褐色轉爲老熟的暗褐色，因爲質地輕，經風兒吹動緩緩降落地面，碰到適合的生長環境種子就會萌發新芽，展開新的生命。

翠綠的羽狀複葉、滿樹黃華的花序、串串紅褐色的蒴果以及枯槁前的金黃色變葉，臺灣欒樹隨著季節遞嬗，綻放迷人風采，所以常在公園、校園、行人道旁當作景觀樹種。

臺灣欒樹的蒴果成熟時，會吸引大量的紅姬緣椿象聚集，以吸取種子與樹幹汁液，當作繁殖後代的營養來源，但也吸引了燕子前來啄食。目前還沒有臺灣欒樹被危害的案例，賞樹時不要刻意觸摸紅姬緣椿象，牠爲自保會分泌臭味的汁液，但基本上對人是無害的。

↓蒴果具淡紅色弧形苞片三枚成氣囊狀，幼果猩紅色。

↑整樹黃色花序的臺灣欒樹，在陽光下展現炫耀的色彩。

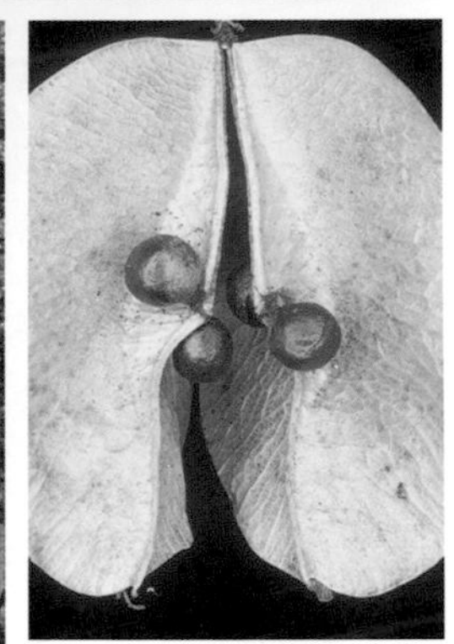

↑臺灣欒樹的蒴果成熟時掉落，苞片轉為褐色會分離，露出黑褐色種子。

←臺灣欒樹其蒴果呈膨大氣囊狀，具有三片苞翅，紅褐色蒴果在秋陽的照射下，增添植株的另一番風采。

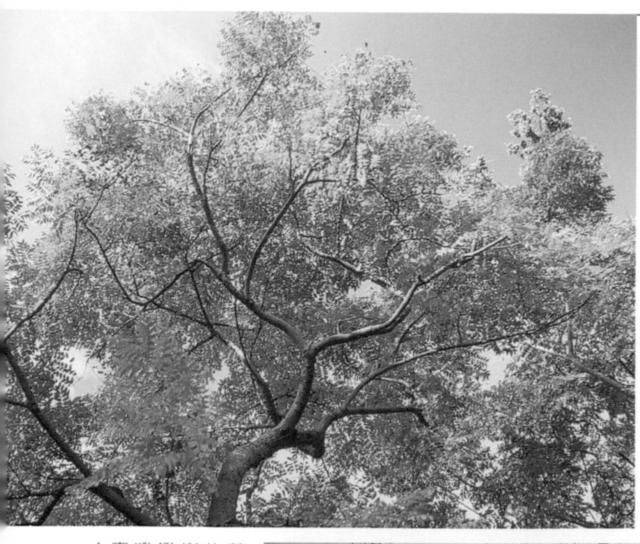

■建議觀賞地點：

臺北市：敦化南路二段、忠誠路二段。

臺中市：東光路。

嘉義市：吳鳳南路、四維路、忠孝路。

高雄市：民權二路、民生一至二路。

屏東市：自由路、建南路、自立南路、和平路。

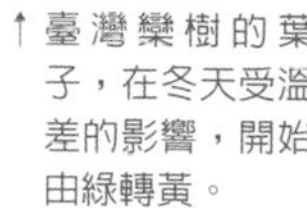

↑臺灣欒樹的葉子，在冬天受溫差的影響，開始由綠轉黃。

→冬季時，空氣中開始透著冷冽的氣息，羽葉隨著風勢飄落一地枯黃，枝頭光禿一片不見生氣，植株開始了冬藏的休眠。

↑主幹通直，呈白灰色，樹皮為薄鱗片狀，用手輕拉很容易剝落，小枝幹上密布皮孔。

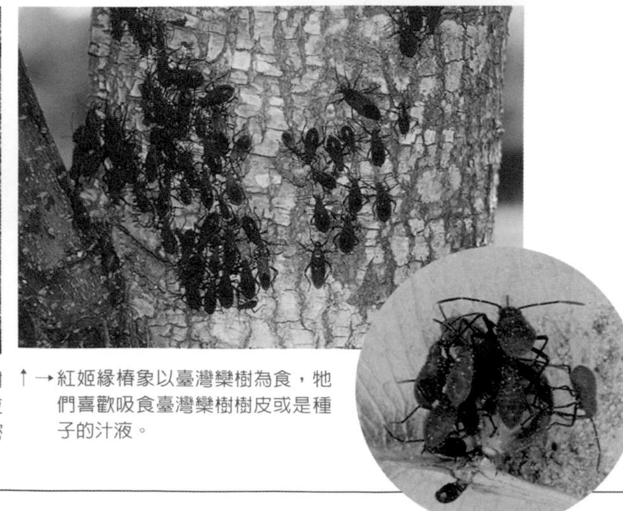

↑→紅姬緣椿象以臺灣欒樹為食，牠們喜歡吸食臺灣欒樹樹皮或是種子的汁液。

# 無患子 *Sapindus saponaria* Lam.

| | |
|---|---|
| 科名：無患子科 Sapindaceae | 屬名：無患子屬 |
| 英文名：Sopa Nut Tree | 別名：黃目子 |
| 生育地：低海拔山麓闊葉林中 | 原產地：臺灣原生，亦分布大陸、印度、日本 |

葉序  花序  花期 春 夏 秋 冬   果型 

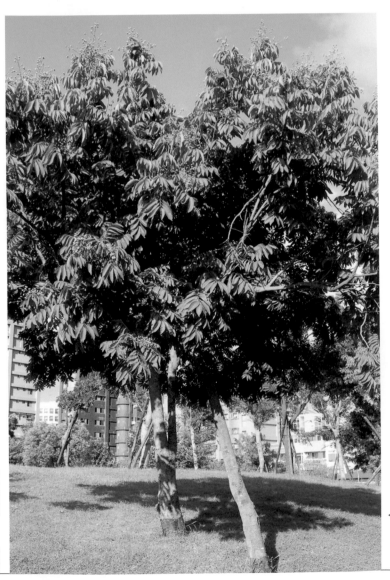

←無患子主幹直立，枝葉茂盛，樹冠呈傘形。

## 形｜態｜特｜徵

**樹種** 落葉喬木，主幹直立，高可達15公尺，樹冠扇形。

**葉形** 偶數羽狀複葉，小葉披針形。

**花序** 圓錐花序，小花白色或黃綠色。

**果型** 扁球形核果。

↑無患子於夏季開花，為圓錐花序，小花聚生成團，呈黃綠色，常被綠葉遮蔽。

←無患子為偶數羽狀複葉，互生於小枝上，小葉披針形。

深秋的日子，白天是晴朗的藍天，晨昏卻是寒意襲人，這種變化差異大的氣溫，讓落葉前的無患子，外觀從濃鬱的綠色開始轉變為整株的金黃，展現一年當中最具魅力的時刻。秋風颯颯，當陽光透過葉片，閃爍著金黃色的光采，讓人沉醉在季節的感受中，也增添視覺的驚豔。

無患子爲落葉喬木，主幹直立，可高達15公尺，枝幹多分歧，樹冠呈扇形。偶數羽狀複葉萌發於春天，互生於黃綠色的小枝上，小葉披針形，葉面光滑具紙質，葉先端漸尖，葉邊全緣，具圓柱形葉柄。

春天的無患子長出翠綠色的新葉，一掃冬季落葉的光禿，植株開始欣欣向榮，展現旺盛的生命力，是一份清新爽朗的視覺。

夏季葉片開始茂盛，明顯的羽狀複葉交錯生長，將植株形成大片的遮蔭，此時圓錐花序悄悄地開出花朵，小花爲雌雄同株，白色及黃綠色相互輝映，點綴在綠意中。

初秋時，扁球形的核果開始發育，長成一串串橙黃色的果實，吸引許多飛鳥的青睞；無患子的果皮搓揉後會產生皂素，30年代時曾用來洗濯衣物，今日則成爲鄉土教學的教材。

無患子樹性強健，生長迅速，抗風抗污，落葉前的一片金黃色，醒目凸出，當作行道樹景觀甚佳。

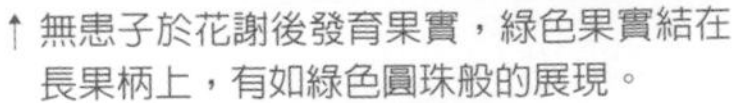

↑ 無患子於花謝後發育果實，綠色果實結在長果柄上，有如綠色圓珠般的展現。

↑ 仔細觀察無患子的核果，接枝處的凸起形成可愛的造型。

→ 無患子的核果成熟時為黃褐色，表皮皺摺，含皂素，早期常用來洗濯衣物。

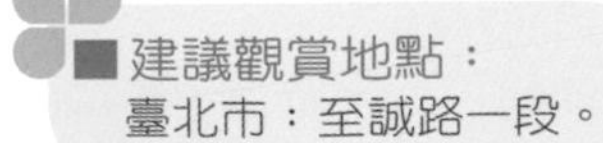

■ 建議觀賞地點：
臺北市：至誠路一段。

←換妝一樹金黃色的無患子，在秋風中搖曳生姿，醒目的光采令人驚豔。

↑無患子的葉片秋天由綠轉黃，隨即枯萎掉落，為落葉型植物。

→無患子的樹幹直立，樹皮呈灰白色，表面平滑。

# 大葉山欖 *Palaquium formosanum* Hayata

| 科名：山欖科 Sapotaceae | 屬名：大葉山欖屬 |
|---|---|
| 英文名：Formosan Nato Tree | 別名：馬古公，臺灣膠木 |
| 生育地：臺灣東、北海岸，及恆春半島 | 原產地：臺灣原生，亦分布菲律賓 |

葉序　花序　花期　春　夏　秋　冬　果型

大葉山欖爲常綠喬木，主幹粗壯直立，枝幹多分歧，斜向伸展，成長中頗有層次感，枝葉茂密，其樹皮黑褐色，具縱裂紋，內含乳汁有黏性，樹高可達15公尺。

初春萌發新葉，倒卵形單葉互生，常叢生於枝端，葉面厚革質，葉尖圓形略凹，葉邊全緣，略爲反捲，葉面新嫩時爲翠綠，成長後保持暗綠，葉背則爲淡綠色。

↓ 大葉山欖成排列植於行道中，成為綠色區隔，叢生的葉片是其特色，也是植栽多樣化的選擇。（高雄市：大順路）

## 形｜態｜特｜徵

**樹種** 常綠喬木，主幹直立，枝幹斜向伸展，樹冠傘形，高可達15公尺。

**葉形** 單葉互生，叢生於枝端，具厚革質，長橢圓形，葉尖圓形，葉邊全緣。

**花序** 花簇生，淡綠色。

**果型** 肉質核果。

↓大葉山欖的葉片為單葉互生於枝條，常以叢生方式於枝端開展，葉片為長橢圓形，具厚革質。

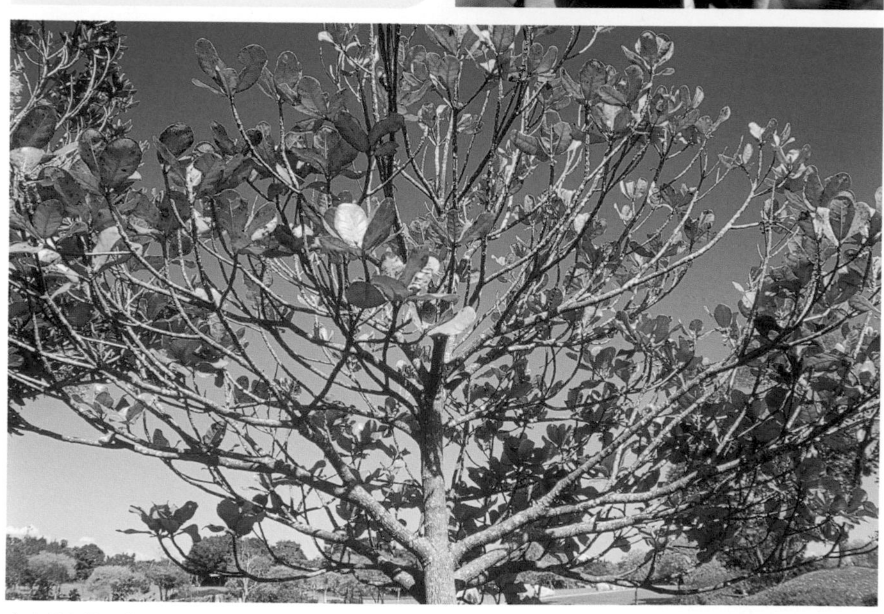

↑大葉山欖為常綠喬木，四季綠意盎然，難得有此一樹的金黃色葉片。

夏季枝葉濃鬱，植株成蔭，到了秋天則是開花季節，小花簇生於葉腋，呈淡綠色，遠望濃密的枝葉無法觀賞花朵，但是在樹底下仰望葉腋處，則可觀察到一團團簇生的花朵正展現嬌柔魅力，蜜蜂在許多雄蕊裡採蜜，幫忙著花粉的傳播。

果實成長於秋、冬，肉質核果也都發育在葉下，呈橢圓形先端宿存花柱，成熟時爲黃綠色。

大葉山欖生長較緩慢，當作行道樹較不易看到完整樹形，但它強健、抗旱、抗污、抗風，在都會中屹立生長也算適當。

←大葉山欖秋天開花，於葉腋處生出，有時枝端葉少，花序如花球般呈現，在藍天下特別醒目。

↓大葉山欖的花序為單花簇生，小花繁多為淡綠色，常在葉叢下，需從樹下仰頭觀看。

■建議觀賞地點：
臺北市：忠孝東路六段。
高雄市：自由一路、大中二路、鼓山三路、大順一路。

↑大葉山欖花謝後發育果實，小果由果托包覆，數量很多，但並非全部會發育完全。

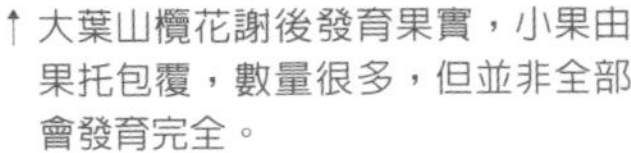

→發育完全的大葉山欖果實為肉質核果，橢圓形呈綠色，先端宿存花柱，果熟變軟可食。

# 銀葉樹 *Heritiera littoralis* Dryand.

| 科名：梧桐科 Sterculiaceae | 屬名：銀葉樹屬 |
|---|---|
| 英文名：Looking Glass Tree | 別名：大白葉仔 |
| 生育地：熱帶海岸地區 | 原產地：臺灣原生，亦分布日本、錫蘭、菲律賓、澳洲、東非 |

葉序 | 花序 | 花期 春 夏 秋 冬 | 果型

銀葉樹爲常綠喬木，主幹粗壯直立，枝幹斜上生長，樹冠呈傘形，高可達15公尺。樹皮爲灰褐色，有鱗片狀剝落，具纖維質可做繩索，木材質堅可供建築之用，成樹常有板根形成，是爲固定之用，墾丁森林遊樂區內有一棵銀葉板根，板根將近2米之高，謂爲奇觀。

春天萌發新葉，爲單生葉互生於枝條，葉柄兩端膨大，爲橢圓形，先端鈍形，葉基圓形，葉面革質綠色，掌狀葉脈明顯呈黃色，葉背披銀白色鱗片，陽光下葉片隨風飄動，葉背不時翻面，銀白色不停的在閃爍，故稱之爲銀葉樹。

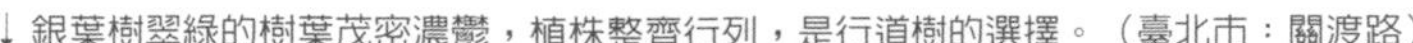

↓ 銀葉樹翠綠的樹葉茂密濃鬱，植株整齊行列，是行道樹的選擇。（臺北市：關渡路）

←銀葉樹枝幹斜上生長，樹冠呈傘形，原為海岸植物，在都會中也生長良好。

春天圓錐花序由葉腋處生出，小花無花瓣，花萼明顯呈黃綠色，雄蕊花絲合成筒狀，花朵中央則爲紅色。小花夾雜在綠葉中雖不起眼，卻也數量繁多，看到地面的落花，即知銀葉樹開花了。

隨著花朵凋謝果實開始發育，其爲木質化扁橢圓形堅果，在腹線上有龍骨狀突起，因質輕又具纖維化，果實會飄浮水面。

## 形｜態｜特｜徵

**樹種** 常綠喬木，主幹粗壯直立，枝幹斜上生長，成樹有板根形成，樹冠呈傘形，高可達15公尺。

**葉形** 單生葉互生枝幹，幼葉呈紅色，橢圓形，先端鈍形，葉基圓形，革質，掌狀脈，葉柄兩端膨大，葉背披銀白色鱗片。

**花序** 雌雄同株，圓錐花序，黃綠色，中央紅色。

**果型** 木質化扁橢圓堅果。

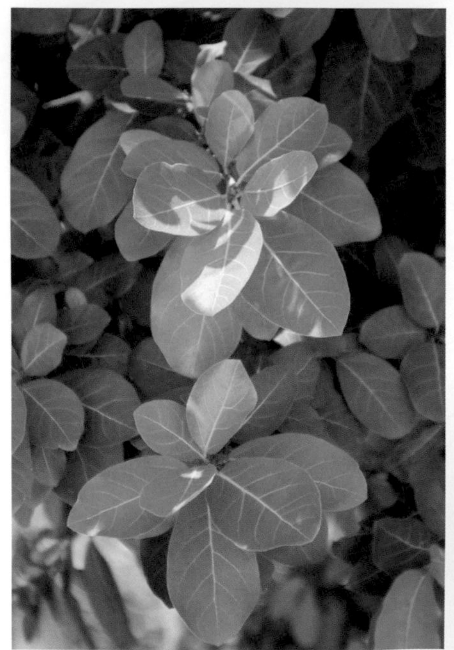

↑銀葉樹為單生葉，常叢生於枝端，掌狀葉脈明顯呈黃色。

→銀葉樹的葉背，密披銀白色鱗片，當隨風搖動會閃爍銀白色，為樹名的由來。

→銀葉樹為圓錐花序，無花瓣，綠色花萼呈黃綠色，中央則為紅色，數量頗多。

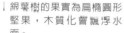

↓銀葉樹的果實為扁橢圓形堅果，木質化會飄浮水面。

→銀葉樹樹幹呈灰褐色，有鱗片狀剝落，具纖維質可做繩索。

↓銀葉樹原生於熱帶雨林，具板根現象為固定之用，墾丁有著名的銀葉板根。

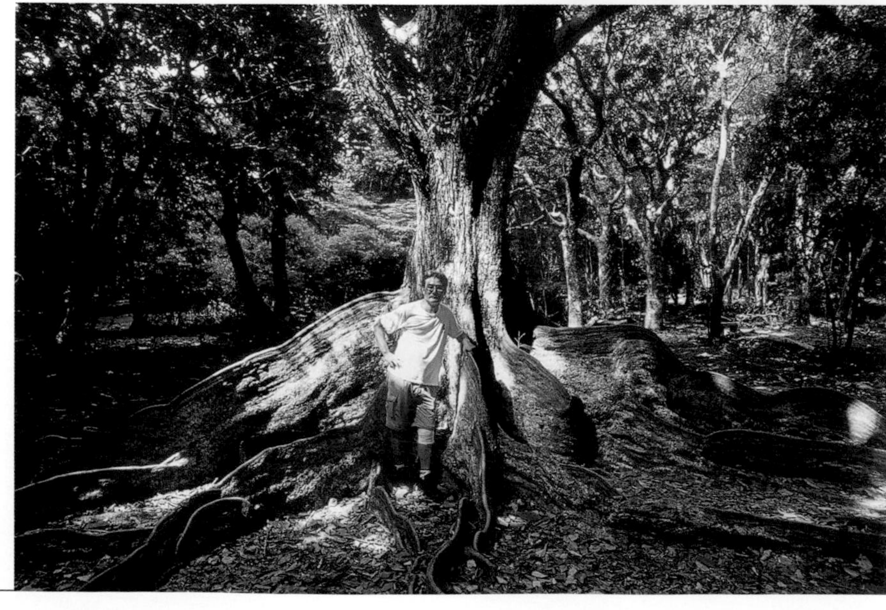

# 掌葉蘋婆 *Sterculia foetida* L.

| 科名：梧桐科 Sterculiaceae | 屬名：蘋婆屬 |
|---|---|
| 英文名：Hazel Bottle Tree | 別名：裂葉蘋婆、香蘋婆 |
| 生育地：熱帶平原 | 原產地：非洲、亞洲、澳洲 |

葉序｜花序｜花期 春 夏 秋 冬｜果型

掌葉蘋婆爲落葉喬木，主幹直立挺拔，枝幹在高處向四周平伸，搭配綠葉形成傘狀，有遮蔭的效果。春天時刻，掌狀複葉簇生於枝端，由長長的葉柄托出，其小葉有5～11對，爲長橢圓形，葉先端爲尖形，葉面革質狀，葉邊全緣。陽光下，半透明的葉面彰顯出清晰的葉脈，烘托掌狀複葉的美麗圖案。

春天是開花季節，圓錐花序頂生於枝端，沒有花瓣的小花密布，而花萼5裂有如花瓣呈橘紅色，雄蕊則結合成柱；花朵甚小，高掛樹梢不易觀察，但是具有特殊的氣味，讓人留下深刻的印象。

↓春天開花的掌葉蘋婆，將枝頭渲染成整株的橘紅色，成排的行道間也鋪陳為橘紅色之路。（高雄市：同盟路）

→春天萌發新芽前，掌葉蘋婆先葉而開花，小花繁多為橘紅色，讓植株充滿橘紅的美麗色彩。

↓秋天的掌葉蘋婆，綠葉搭配紅色的果實，讓植株展現季節的變化。

## 形｜態｜特｜徵

**樹種** 落葉喬木，主幹直立，枝幹平伸，樹冠傘形，高可達20公尺。

**葉形** 掌狀複葉，小葉5～11對，長橢圓形，尖頭，全緣，革質。

**花序** 圓錐花序，無花瓣，花萼呈橘紅色。

**果型** 蓇葖果，扁球形。

夏天掌狀複葉濃密生長，一樹的綠意消除不少炎熱感，此時花序也開始次第萎落，地面到處都是橘紅色的落花，落英繽紛頗爲傷感，但是接續而來的果實才是成就一生的使命。

掌葉蘋婆的果實爲蓇葖果，呈扁球形有如木魚，具龍骨狀突起，在爽朗的秋天裡發育，數個果實懸掛在一根枝條上，外殼由淡綠色轉爲成熟的暗紅色，當一樹的果實成熟，平實的綠樹開始妝點容顏，添增一季色彩的變化。

掌葉蘋婆在深秋中，開始綻放最美麗的時刻，此時濃鬱的綠葉轉成金黃色，其間交錯著串串紅色果實，搭配在陽光的閃爍下，讓植株散發迷人的風采；而寒冷的冬天，掌狀複葉從枝椏間飄落，只剩下老熟的果實，成熟的果實會裂開，露出黑色種子，不久也會掉落地面。

←掌葉蘋婆為掌狀複葉，小葉輪生於葉柄，數支葉柄再聚生枝端。

■建議觀賞地點：

臺北市：塔悠街。

臺中市：忠明五街、柳陽東西街。

嘉義市：啓明路。

高雄市：中華二路、高松路、九如四路、民生二路。

↑掌葉蘋婆為落葉喬木，蕭瑟的冬天會褪光綠葉，只剩光禿的枝椏伸向天際。

←掌葉蘋婆為圓錐花序，花朵甚小但數量多，無花瓣、花萼為橘紅色，有特殊氣味。

↑ 秋末掌葉蘋婆綠葉凋落，但紅色果實宿存枝頭，像是裝飾紅色小球般可愛。

→ 掌葉蘋婆為蓇葖果，呈扁球形，具龍骨狀突起，初生時為綠色。

↑ 老熟的掌葉蘋婆果實會掉落地面，由龍骨突處裂開，露出黑色種子。

→ 掌葉蘋婆的樹幹。

↑ 成熟的掌葉蘋婆果實，外皮呈鮮紅色，體型碩大且多聚生，在枝頭上特別醒目。

# 厚皮香 *Ternstroemia gymnanthera* (Wight & Arn.) Sprague

| 科名：茶科 Theaceae | 屬名：厚皮香屬 |
| --- | --- |
| 英文名：Japanese Ternstroemia | 別名：紅柴、紅淡 |
| 生育地：中海拔闊葉林中 | 原產地：臺灣原生，亦分布華中、華南、印度、日本、菲律賓 |

葉序  花序  花期     春 夏 秋 冬 果型 

厚皮香爲常綠喬木，主幹直立挺拔，枝幹水平伸展，頗有層次感，小枝數量多，呈淺紅色，樹皮黑灰色，具有皮孔，樹葉濃密，樹形呈橢圓形，高可達10公尺。春天萌發新芽，爲單生葉，互生枝條，叢生枝端，呈倒卵形，葉面厚革質，具光澤，主脈明顯，側脈不明，墨綠色，先端漸尖，基部楔形，葉邊全緣，小葉柄呈紅色。

冬天至來春爲開花季，單生花由葉腋處生出，具花柄將小花懸下，花瓣爲白色，雄蕊伸出數量多，呈黃色，花朵具有香氣；雖然樹葉濃密，但白色小花醒目，開花期也將植株妝點出色彩的變化。

↓厚皮香樹形整齊，植株的萌芽、開花、結果各有不同變化，在行道旁的綠地上綻放植株迷人風采。

↑厚皮香為單生葉，互生於枝條，常叢生枝端，呈倒卵形，光澤質厚。

←厚皮香於冬至春天開花，單生花腋生為白色，雄蕊絲數多呈黃色。

花謝後的結果讓植株有豐收的滿足，球形漿果初生時爲綠色，成熟則爲紅色，此時紅果纍纍，野鳥紛紛被吸引前來採食，老熟時會開裂露出紅色種子。

厚皮香樹性強健，生長迅速，較少蟲害，抗寒、抗旱、防塵，當作行道樹，樹形整齊又散發香氣，是多樣性的選擇。

## 形｜態｜特｜徵

**樹種** 常綠喬木，主幹直立，枝幹水平伸展，小枝數多呈淺紅色，樹皮黑灰色，具皮孔，樹形呈橢圓形，高可達10公尺。

**葉形** 單生葉，互生，叢生枝端，倒卵形，厚革質，具光澤，葉柄紅色。

**花序** 單生花，腋生，花瓣白色，雄蕊多呈黃色。

**果型** 球形漿果。

↑厚皮香於開花後不久結果，果實初為綠色，數量頗多，滿布植株。

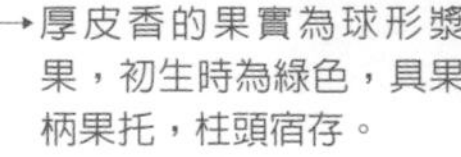

→厚皮香的果實為球形漿果，初生時為綠色，具果柄果托，柱頭宿存。

←厚皮香的果實成熟時轉為紅色，像是紅透的小蘋果懸掛於枝頭，非常討喜。

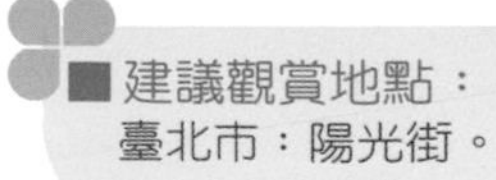

■建議觀賞地點：臺北市：陽光街。

→厚皮香的樹皮黑灰色，具皮孔，小枝則為紅色。

# 榔榆 *Ulmus parvifolia* Jacq.

| | |
|---|---|
| 科名：榆科 Ulmaceae | 屬名：榆屬 |
| 英文名：Chinese Elm | 別名：紅雞油 |
| 生育地：本島中南部800公尺以下山區 | 原產地：臺灣原生，亦分布韓國、日本、華南 |

葉序  花序  花期 春 夏 秋 冬 果型 

榔榆為落葉喬木，主幹直立，枝幹開展略下垂，樹冠呈圓錐狀，植株可達20公尺高。樹幹為帶灰的紅褐色，並且有不規則的雲狀剝落，這是新樹皮成長為老樹皮的結果，只是榔榆樹皮斑紋豐富，引人注目。剝落後的樹幹，密布凸出的小褐點，這是樹幹呼吸的皮孔。

榔榆的萌芽力強，冷冬過後的初春，枝椏間冒出嬌嫩的葉芽，在暖春的催化下開始成長新綠。其葉形小巧，為單葉互生於枝條上，葉為橢圓形，葉先端為尖形，葉面具粗糙感，葉邊為細鋸齒狀，葉脈為明顯羽狀。

↓ 榔榆綠色的遮蔭，不僅柔化了行道，也具區隔的作用。（臺北市：關渡路）

→櫸榆為落葉喬木，主幹直立，枝幹斜上開展，小枝略下垂，樹形為圓錐狀。

夏季綠葉持續成長，將植株布滿遮蔭的綠意，成排的櫸榆在行道路旁，樹姿纖細，迎風搖曳，風格獨特，陽光透過綠葉，將羽狀脈刻印出美麗線條，柔化行道路的剛硬。

秋天是櫸榆開花的季節，聚繖花序由葉腋處生出，花蕾爲紅色，開出的小花爲淡黃綠色，因葉腋密集，聚繖花序排列成行，只不過花朵朝向葉面，在高大的櫸榆上較不易觀察到。

花朵經過授粉開始發育成果實，膜質翅果呈橢圓形，簇生於葉腋處，此時接近寒冬，櫸榆的葉片由綠轉黃，並且開始萎落，留下一樹的枯枝。

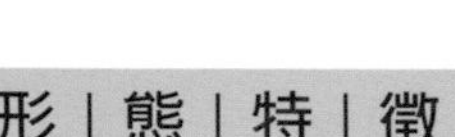

## 形｜態｜特｜徵

| | |
|---|---|
| 樹種 | 落葉喬木，主幹直立，枝幹開展略下垂，圓錐形樹冠，高可達20公尺。 |
| 葉形 | 單葉互生，橢圓形，先端尖形，葉基鈍形，鋸齒緣，葉面粗糙。 |
| 花序 | 聚繖花序，小花淡黃綠色。 |
| 果型 | 膜質翅果，橢圓形。 |

→櫸榆為單生葉，互生於枝條，葉面小巧成排，呈橢圓形，質粗糙，鋸齒緣。

↑櫸榆於秋季結果，果實小巧數量多，黃褐色的果實滿布植株，有豐收的喜悅。

→櫸榆的果實為橢圓形翅果，聚生於小枝上，四周具薄膜，成熟掉落會隨風傳播。

■建議觀賞地點：
臺北市：環河南路三段、塔悠街、潭美街、研究院路二段。

→櫸榆樹幹為紅褐色，具不規則雲狀剝片，形成特殊圖案，令人印象深刻。

# 櫸樹 *Zelkova serrata* (Thunb.) Makino

| | |
|---|---|
| 科名：榆科 Ulmaceae | 屬名：櫸樹屬 |
| 英文名：Taiwan Zelkova | 別名：臺灣櫸、雞油 |
| 生育地：臺灣海拔300公尺至1000公尺之闊葉林內 | 原產地：臺灣原生，亦分布大陸、日本、韓國 |

葉序  花序  花期 春 夏 秋 冬 果型

櫸樹爲落葉喬木，樹幹直立，高可達25公尺，枝幹向四方斜上生長，樹冠呈開展的倒三角形，「櫸」之名意爲其樹高舉，是爲高大的樹形，至於俗稱的「雞油」，則是櫸樹木材鉋光後，有如塗過雞油似的油蠟狀。

櫸樹的老樹皮會呈不規則的剝落，而在樹幹留下雲狀斑紋，剝痕附近滿布紅褐色小點，那是呼吸的小皮孔。

春天開始萌發新芽，單葉長卵形的葉子互生於枝條上，葉的先端爲尖形，葉基則爲圓形，葉面粗糙，葉邊鋸齒緣，具羽狀葉脈，當陽光穿透新綠嫩葉，明顯的葉脈輝映出美麗的紋路。

↓秋天的櫸樹，綠葉開始變成黃色，在行道上當作都會的造景。

↑ 櫸樹為落葉喬木，主幹細直，枝幹向四方斜上，樹冠呈倒三角形。

↑ 櫸樹於春天萌發新芽，芽苞紅色小巧，於葉腋處生出。

隨著新葉萌發，來到春天這花開季節，聚繖花序由葉腋處生出，花朵甚小，爲淡黃綠色，在高大的植株上不是很顯眼，只見滿樹綠意的葉片。

果實成長於夏季，核果呈歪球形，背披毛，先端突起，表面有縱稜角及不規則網紋，核果小巧若米粒，在高高的枝幹上不易見到，不過結果的枝條其葉片特別小，由此就可發現細小的核果。

櫸樹在秋季葉片開始轉黃，尤其是乾冷的天氣後，一樹金黃色植株彰顯出季節的變化，讓落葉前的櫸樹展現出絢麗的風采。

## 形｜態｜特｜徵

| | |
|---|---|
| 樹種 | 落葉喬木，主幹直立，枝幹向四方斜上生長，樹冠為倒三角形，高可達25公尺。 |
| 葉形 | 單葉互生，長卵形，紙質，先端尖形，鋸齒緣。 |
| 花序 | 聚繖花序，小花淡黃綠色。 |
| 果型 | 核果歪球形。 |

↑櫸樹於春天萌發新葉，新葉呈透光的紅色，於幼枝上隨風飄動。

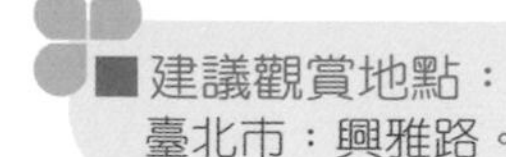

■建議觀賞地點：
臺北市：興雅路。

←櫸樹的葉片為單生葉互生於枝條，小葉長卵形先端漸尖，有明顯鋸齒緣。

↓櫸樹的樹葉於冬季落葉前，展現一樹的金黃。

↓櫸樹的樹幹通直，呈灰色表面滑，有明顯紅褐色斑點。

# 中文索引



二劃



三劃



四劃



五劃



六劃



七劃



八劃



九劃



十劃



十一劃



十二劃

# 中文索引

# 學名索引

# 學名索引

# 參考書目及資料


- 臺灣樹木誌　國立中興大學農學院編纂
- 樹木圖鑑　貓頭鷹出版
- 藥用植物圖鑑　貓頭鷹出版
- 臺灣樹木圖誌 (第一卷)　歐辰雄出版
- 展讀大坑天書　陳玉峰著
- 臺灣維管束植物簡誌 (二至五卷)　行政院農委會出版
- 臺灣原生景觀樹木植栽手冊　交通部觀光局印行
- 臺灣賞樹情報　大樹出版
- 樹木家族—臺灣樹木的寫真記錄　晨星出版
- 植物地圖—臺灣低海拔植物生態　國立自然科學博物館出版
- 認識縣市花樹　國立臺灣科學教育館出版
- 臺灣花卉實用圖鑑—木本篇、樹木篇　薛聰賢著
- 臺灣樹木解說手冊　農委會林務局編
- 臺灣原生植物 (上、下)　淑馨出版
- 宜蘭縣綠美化景觀植物　宜蘭縣政府出版
- 高雄市行道樹導覽手冊　高雄市工務局養護工程處出版
- 臺北市政府工務局公園路燈工程管理處—行道樹查詢系統
  http：//pkl . taipei. gov. tw/
- 臺中市建設處景觀工程科—行道樹導覽手冊
  http：//www.vital.com.tw/tree/01.htm
- 國立自然科學博物館—植物博覽
  http：//web2.nmns.edu.tw/botany
- 臺灣的珍貴行道樹
  http：//www.tesri.gov.tw/tree/
- 網路植物園—我們的行道樹
  http：//www.floral.com.tw/floral
- 公園行道樹植物簡介
  http：//www.tmue.edu.tw/—envir/nature/tree
- 臺北植物園—學習資源網
  http：//tphg.tfri.gov.tw

國家圖書館出版品預行編目資料

行道樹圖鑑 / 羅家祺 著.
－－第一版.－－臺中市：晨星, 2008.08
面；　公分.－－（臺灣自然圖鑑；8）

ISBN 978-986-177-222-6（平裝）
1.行道樹　2.圖錄　3.臺灣

436.13333　　97012322

臺灣自然圖鑑 008

# 行道樹圖鑑

作者　羅家祺
主編　徐惠雅
執行主編　許裕苗
校對　羅家祺、許裕苗
美術編輯　陳秋英

創辦人　陳銘民
發行所　晨星出版有限公司
台中市407工業區30路1號
TEL：(04)23595820　FAX：(04)23550581
E-mail：service@morningstar.com.tw
行政院新聞局局版臺業字第2500號
法律顧問　陳思成律師
初版　西元2008年8月10日
西元2018年1月20日（五刷）

總經銷　知己圖書股份有限公司
106台北市大安區辛亥路一段30號9樓
TEL：02-23672044 / 23672047　FAX：02-23635741
407台中市西屯區工業30路1號1樓
TEL：04-23595819　FAX：04-23595493
E-mail：service@morningstar.com.tw
網路書店 http://www.morningstar.com.tw
讀者專線　04-23595819 # 230
郵政劃撥　15060393
戶名　知己圖書股份有限公司

定價590元
（如有缺頁或破損，請寄回更換）
ISBN　978-986-177-222-6
Published by Morning Star Publishing Inc.
Printed in Taiwan

# ◆讀者回函卡◆

**以下資料或許太過繁瑣，但卻是我們瞭解您的唯一途徑**

**誠摯期待能與您在下一本書中相逢，讓我們一起從閱讀中尋找樂趣吧！**

姓名：________________ 性別：□男 □女 生日： ／ ／

教育程度：____________

職業：□學生 □教師 □內勤職員 □家庭主婦

□SOHO族 □企業主管 □服務業 □製造業

□醫藥護理 □軍警 □資訊業 □銷售業務

□其他 ________________

E-mail：________________________ 聯絡電話：____________________

聯絡地址：□□□ ____________________________________________

**購買書名：行道樹圖鑑**

**・本書中最吸引您的是哪一篇文章或哪一段話呢？**________________________

**・誘使您購買此書的原因？**

□於 ______ 書店尋找新知時 □看 ______ 報時瞄到 □受海報或文案吸引

□翻閱 ______ 雜誌時 □親朋好友拍胸脯保證 □ ______ 電臺DJ熱情推薦

□其他編輯萬萬想不到的過程：________________________________

**・對於本書的評分？**（請填代號：1.很滿意 2.OK啦 3.尚可 4.需改進）

封面設計 ________ 版面編排 ________ 內容 ________ 文／譯筆 ________

**・美好的事物、聲音或影像都很吸引人，但究竟是怎樣的書最能吸引您呢？**

□價格殺紅眼的書 □內容符合需求 □贈品大碗又滿意 □我誓死效忠此作者

□晨星出版，必屬佳作！□千里相逢，即是有緣 □其他原因，請務必告訴我們！

________________________________________________

**・您與眾不同的閱讀品味，也請務必與我們分享：**

□哲學 □心理學 □宗教 □自然生態 □流行趨勢 □醫療保健

□財經企管 □史地 □傳記 □文學 □散文 □原住民

□小說 □親子叢書 □休閒旅遊 □其他 ________________________

以上問題想必耗去您不少心力，為免這份心血白費

請務必將此回函郵寄回本社，或傳真至（04）2359-7123，感謝！

若行有餘力，也請不吝賜教，好讓我們可以出版更多更好的書！

**・其他意見：**

晨星出版有限公司 編輯群，感謝您！

請填妥對折裝訂，直接投郵即可，免貼郵票

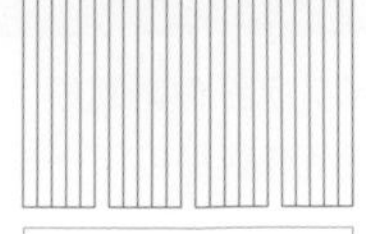

廣告回函
臺灣中區郵政管理局
登記證第267號
免貼郵票

407
臺中市工業區30路1號

# 晨星出版有限公司

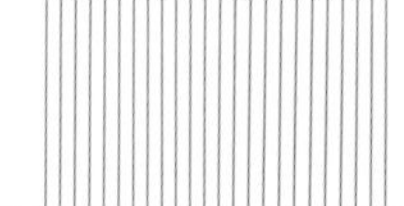

請沿虛線摺下裝訂，謝謝！

## 更方便的購書方式：

(1) 網站：http://www.morningstar.com.tw
(2) 郵政劃撥　帳號：22326758
　　　　　　　戶名：晨星出版有限公司
　請於通信欄中註明欲購買之書名及數量
(3) 電話訂購：如為大量團購可直接撥客服專線洽詢

◎ 如需詳細書目可上網查詢或來電索取。
◎ 客服專線：04-23595819#230　傳真：04-23597123
◎ 客戶信箱：service@morningstar.com.tw

# 行道樹圖鑑

肯氏南洋杉 p.20
*Araucaria cunninghamii*

小葉南洋杉 p.24
*Araucaria excelsa*

羅漢松 p.36
*Podocarpus macrophyllus*

落羽松 p.39
*Taxodium distichum*

可可椰子 p.52
*Cocos nucifera*

酒瓶椰子 p.55
*Hyophorbe lagenicaulis*

棍棒椰子 p.58
*Hyophorbe verschaffelti*

華盛頓椰子 p.71
*Washingtonia filifera*

芒果 p.74
*Mangifera indica*

蘇鐵 p.27
*Cycas revoluta*

龍柏 p.30
*Juniperus chinensis* var. *kaizuka*

竹柏 p.33
*Nageia nagi*

亞力山大椰子 p.43
*Archontophoenix alexandrae*

檳榔 p.46
*Areca catechu*

孔雀椰子 p.49
*Caryota urens*

蒲葵 p.62
*Livistona chinensis* var. *subglobosa*

臺灣海棗 p.65
*Phoenix hanceana*

大王椰子 p.68
*Roystonea regia*

黃連木 p.78
*Pistacia chinensis*

臺東漆樹 p.82
*Semecarpus gigantifolia*

印度塔樹 p.85
*Polyalthia longifolia*

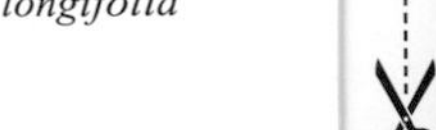